Frontière Française

法式甜點店的秘密法則

呂昇達、賴慶陽 著

推薦序

生活在靠海的花蓮，甜點也與海相連

發現邊境法式點心坊，不是因為到花蓮必吃甜點店的網路推文，是賴慶陽夫妻平時對流浪動物的關心，小規模卻踏實經營的點心坊每年以行動呼籲重視狗貓的生命權，不棄養牠們，在相較對動物保護議題不受重視的花蓮而言，是珍貴且可愛的。多年後，我返回花蓮工作，有機會多認識慶陽主廚，透過節目專訪和聽他在地方的講座的分享，才知他默默在東部推廣烘焙。過去，為了讓偏遠臨靠太平洋的學生認識甜點的世界，開著車載滿所需要的工具、設備，不辭辛勞地帶著莘莘學子學習製作，希望讓烘焙成為他的興趣，或者成為他未來的志願。

生活在靠海的花蓮，甜點也與海相連，我愛他的「追浪」，藍白色的蛋糕外層像一波波海浪，呼應花蓮擁有臺灣最長海岸線的特色，加入代表夏日熱浪的鳳梨醬，多層次表現出花蓮的特色，還有一個秘密武器，讓海都激動了起來。又或者是登山才可取得的原住民食材—馬告，所製成的檸檬馬告巧克力泡芙，濃郁巧克力中輕輕揚起檸檬香氣，打開味覺，探索樂趣。讀新書才知道，看似簡單的泡芙原來還有嚴格的製作標準要求。「凡爾賽宮婚宴中，壓軸的甜點就是『泡芙』，因此被賦予『吉祥』、『慶典』和『和好』的寓意。」書裡對泡芙的介紹，充滿節慶歡樂，明白慶陽是以祝福的心製作甜點，用過慶典的分享心情，好好款待來店客人。

如果以甜點主廚稱呼他，侷限慶陽的努力，他用分享與共好的心，讓更多人喜愛並且認識甜點，所做所為不單只是公益，而是創造公眾社會的價值。

廣播金鐘獎主持人

林清盛

推薦序

這裡賣的不是甜點，是花蓮的山與海

你若喜愛花蓮的山海，那麼走進「邊境」，這裡的滋味必然屬於你。是否品嚐過「邊境」裡的《追浪》與《踏青》？先不破梗，待你親自品嚐；慶陽的創意著實將花蓮人的生活經驗巧妙融入甜點的方寸之間，令人拍案叫絕。

認識慶陽並不是從甜點開始，而是他也是個音樂熱愛者，他在軍中服務時期有位同袍剛好是我非常要好的朋友，爾後我們輾轉相識。身為一位大提琴演奏家，看著白紙上那顆顆音符，我知道作曲家寫下的不是音符，而是想藉由音符傳遞的情感、畫面、人生經歷，甚至是對思想的觀點，透過每位有著不同人生背景、閱歷演奏家的「再創作」，詮釋出自己的觀點。

一樣的，對烘焙職人、對慶陽來說，食譜上的食材搭配、重量比例不只是為了呈現自己的專業技術，而更希望我們品嚐者能藉由這一塊塊精緻的創作，窺探他眼裡屬於花蓮的山貌水色、還有那些對家鄉的想像、感情。看見慶陽，我看到的不只是位甜點主廚，我看見一位細膩、執著與獨一無二的藝術家，對他我是無比的尊敬與崇拜，也期待他往後的每款創作。

每個人心中都有片屬於自己的「邊境」，這裡如同兒時的秘密基地充滿想像、冒險、理想與喜悅，它讓我們脫離現實的窗口、通道；而慶陽的「邊境」亦如是，它就像一位船長，帶領著我們悠遊在他對這片土地的想像與愛裡。歡迎大家。

ISM 主義甜時 創辦人

& 灣聲樂團客座大提琴首席

陳世霖

推薦序

很高興也很榮幸爲這本書寫推薦文
這眞的是很令人感動的時刻

第一次在花蓮做講習會時，認識了 Jason，在當時臺灣並沒有太多的法式甜點店，更何況是在花蓮這純樸的地方，實在是相當的不容易。每每到了花蓮放鬆時，都會去找找 Jason 一起聊聊，烘焙的事，經營的事，談天說地。

經過了十年的考驗，「邊境」依然是一個花蓮必去的景點。看見他努力的推廣在地文化，並不斷地深耕教育這塊，變得越來越好而現在更開了「款款烘焙教室」，持續推廣關於烘焙的大小事，默默的付出，現在他要出一本書來和大家談談他這些年的所得，這是多麼令人期待。恭喜我的摯友，感謝你為這美好的事情做的付出。

Double V 主廚

陳謙璿 Willson

推薦序

爲夢想開間店吧！

第一次走進「邊境法式點心坊」，就覺得這是間充滿想法的店。品嚐一口店內招牌的「踏青」與「追浪」，彷彿真的能聞到花蓮草木的芳香、舌尖中好似太平洋的浪在跳躍。當時就十分好奇，創作出這些甜點的主廚究竟是何方神聖？

一年多前我在 YT 開啟了一個系列單元叫做「為夢想開間店吧！」，內容專門尋訪烘焙創業的前輩們，邀請他們分享自身經驗給其他正在追夢的人們。邊境早就在我的口袋名單中，而 Jason 也爽快地答應了專訪。透過專訪，我才了解 Jason 的創業之路走得是如此特別：

學生時外國文學的薰陶，帶給了 Jason 豐富的文化底蘊。

出社會在設計公司的閱歷，帶給了 Jason 精準的美學素養。

30 歲時勇敢轉職出國追夢，現在 Jason 將美的像畫一般的甜點，帶給了我們。

上天常常像惡作劇般讓人們走得彎彎曲曲，回頭一看才發現都是風景。在邊境十周年的日子，Jason 不藏私將他看過的風景匯集成冊，不論對烘焙愛好者或是創業家，相信都會是十分有價值的寶藏。

祝福各位讀者，能夠藉由這本書創作出屬於自己的一片風景。

一天只做一個甜點的甜點店
& 圓夢烘焙教室 創辦人

劉偉苓

作者序

大家對花蓮的印象是什麼？是知名景點七星潭？臺灣最 chill 的慢活文化？還是以花蓮為終點的世界級景觀公路蘇花公路呢？

對烘焙人而言，邊境法式甜點在花蓮烘焙業界是相當具有指標性的店家之一。

各式法式甜點無不深受歡迎，同時也是喜愛烘焙甜點愛好者們朝聖地。邊境法式甜點 Jason 主廚運用其多年且深厚的烘焙功力，喜歡使用在地食材與法式甜點的融合創新，自從來花蓮邊境法式甜點品嚐過一次之後就念念不忘，如果能夠邀請 Jason 主廚一起出書，絕對是大家的福音！

經過一年的籌備......本書終於終於問世了~

老師設計了專屬於邊境法式甜點的麵包，只要跟著書中的步驟一起進行，就能感受與法國巴黎同步的美味。

呂昇達

作者序

邊境的第一個十年

首先，我要特別感謝呂昇達老師邀約共同撰寫這本書，透過撰寫的過程也讓我得以在邊境十週年的時機點開始思考下一步，並內省身爲甜點廚師的價值所在，感謝呂老師，這是一份很珍貴的禮物。

轉跨過十年，「邊境」像是一艘從地球發射出去的宇宙人造探測器，才剛剛經過了火星的華麗炙熱、木星的燦爛炫彩、土星的穩定內斂，正前往更遙遠未知的邊陲行星前進。

回想起創立邊境的開始，從無到有絕對是最辛苦的階段。那時候剛剛從法國回到臺灣，還在臺北的跨國甜點店任職甜點師傅，一邊趁著週末兩日與妻子來回奔波花蓮臺北，只為了找一間合適的店面，同時間還有緊鑼密鼓地安排各種設備的接洽與訂購。除此之外，還有甜點店的靈魂——甜點們，甜點的創作是比較富有挑戰的部分。甜點師傅如果沒有自己的廚房，是很難創作出店內可以販售的甜點品項的，這順序有點像是雞生蛋、蛋生雞一般弔詭。創業前哪會有自己的專屬甜點房可以創作與定義產品？而如果沒有這些甜點品項，店開張了要賣什麼東西呢？而我就是屬於後者—店開張了，還沒準備好甜點販售的師傅。

我相信即使七十歲了，我永遠都會記得「邊境」開張的第一天，蛋糕櫃裡面只有一樣商品，也就是橘條巧克力（法：Orangette）。偌大的冷藏蛋糕櫃與巧克力櫃只有一樣產品，雖然我正在趕製著隔天要出場的甜點們，但是我們確實是以這樣的軟著陸開始經營甜點店的，2012 年十二月十二日開始試營運，十八日我們才正式開張，這段期間我們熟悉流程與解決店內狀況：收銀機 POS 系統、內用與外帶包裝、如何開始一間店與服務客人、整潔打掃收班。每一個環節與每一個動作看起都是既熟悉又陌生，做員工時看起來一切都那麼自然熟悉，但是身為創業者，才知道這一切都是要下功夫、要認真思考的事情。「魔鬼都藏在細節中。」確實地，唯有在經營一間店時才能夠設身處地明白這一點。創業的頭一個月是最甜蜜也最磨人的，最有衝勁的卻也是最累的，很多印象深刻的感覺會在這陣子不斷地湧現讓你一輩子也忘不掉，接下來的日子就像是飛機剛剛離開跑道，開始要順著氣流奮力地向上爬升，也許路途上會遇到一些雲朵，會要轉個彎才能避開山，但是上升要做的努力一樣也少不掉，因為只有不斷地努力，最後才能上升到可以平穩飛行的高度享受順風飛翔的樂趣。

2012 年開店後到 2017 年這五年間，是邊境法式甜點最意氣風發的五年。甫開店的數年間，我們沒有花錢打廣告，沒有刻意做宣傳，慕名而來的客人是我們辛苦耕耘的收穫。一開始便把目標定位在地客的方向，讓我們能夠慢慢累積名聲，讓花蓮的本地客朋友為我們做宣傳。我們熟稔，以觀光服務產業為主體的花蓮，很重「口碑」的行銷，甜點的好壞決定品嚐的客人是否會幫你做宣傳，加上眾多平面與電視媒體的報導，再搭上社群媒體、私媒體的風潮，我們很快地被提高了能見度，來到花蓮遊玩的朋友會願意來「邊境」走一趟，品嚐在臺灣花東也能享用的法式甜點。堪稱邊境的黃金五年，在異常忙碌與眼花撩亂的甜點創作中開滿了花，結滿了豐碩的果實，醞釀著我們下一個夢想與目標。還記得有位朋友，有天語重心長地跟我說說過來人的經驗：說也奇怪，身邊創業的朋友總覺得五年是一個檻，五年之後又會開始一個新的循環，像是輪迴一樣。我一直牢記著這句話，因為我們的第一年可沒有那麼順遂，草創之初要費上九牛二虎之力才有今天的成績。更有一位老闆朋友也跟我分享：一個行業好不過十年，一定時常思考如何轉型，好在十年之後開拓一個新局或者轉型。

整理集結了十年的甜點研發精神與創意，再加上多如文言文旁的注解，就是要讓參閱這本配方書的讀者能夠精準的根據內容做法，打造如同書中一般的甜點品項。也許甜點的樣貌並不十分華麗、新潮。但是，我們闡述更多的是「理論」、「邏輯原因」與「方法」。願所有讀者都能享受著做甜點的好奇、感動與成就。

邊境法式點心主廚

賴慶陽（Jason）

2023 年二月 於花蓮

Content

目錄

Chapter
1

麵包

甜點

Topic 4
Gâteaux de voyage 旅人蛋糕

Topic 5
Madeleine 瑪德蓮

Topic 6
Financier 費南雪

Topic 7
Canelé 可麗露

Topic 8
Choux 泡芙

Topic 9
Cookies 餅乾

後記

Chapter · 1

Bread 麵包

TOPIC • 01

Baguette

巴黎的法國麵包

用時間醞釀的單純美味

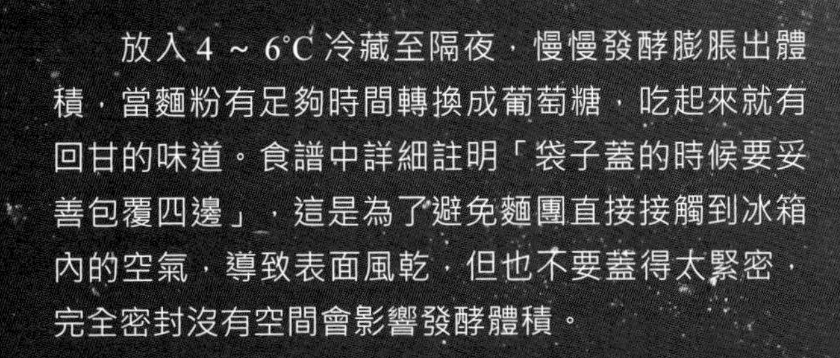

放入 4 ~ 6°C 冷藏至隔夜，慢慢發酵膨脹出體積，當麵粉有足夠時間轉換成葡萄糖，吃起來就有回甘的味道。食譜中詳細註明「袋子蓋的時候要妥善包覆四邊」，這是為了避免麵團直接接觸到冰箱內的空氣，導致表面風乾，但也不要蓋得太緊密，完全密封沒有空間會影響發酵體積。

我會比較傾向微量酵母、低溫長時間發酵，可以更多的凸顯小麥本身的風味，如果今天麵包酵母加很多，發酵很快，體積雖然大，但吃起來的味道比較不同，細膩度不足。我想呈現一種細膩質樸的滋味，分享巴黎街頭的閒適氛圍。

BASIC

法國麵包基本製作

材料 INGREDIENTS

材料	百分比	公克
法國麵包粉	100	500
冰水	73 或 75	365 ～ 375
鹽	2	10
低糖酵母	0.3	1.5
總重		877 ～ 887

- 法國麵包粉食材溫度建議在 20°C 上下。
- 冰水溫度約 8~10°C。
- 低糖酵母是一種適合用在歐式麵包的酵母，如果沒有，也可以用一般市售速發酵母粉代替。

製作工序 OUTLINE

I 攪拌
- 低速5～6分
- 下鹽攪打至擴展狀態
- 麵團完成溫度約22°C

II 基本發酵
- 60分鐘
  溫度25～26°C
  濕度70～75%

III 翻麵冷藏
- 4～6°C冷藏至隔夜
  冷藏14～18小時

IV 分割
- 操作前退冰至18～20°C
- 分割250g滾圓

V 中間發酵
- 20～30分鐘
  溫度25～26°C
  濕度70～75%

作法 METHOD

1. **I 攪拌**：法國麵包粉放入攪拌缸，加入部份冰水低速攪拌 5 ～ 6 分鐘。
2. 攪拌期間慢慢加入冰水，當攪拌時間達到約 2 ～ 3 分之後（或冰水加完後），便可加入低糖酵母，把剩餘的時間慢慢攪拌完畢。
3. 攪拌至光滑有筋性，下鹽（此為後鹽法）。低速 3 分鐘打至鹽巴融入麵團，轉中速 3 分鐘，打到筋性出來。
4. 最後攪拌至有延展性的擴展狀態，要避免攪打過度，光滑就可，因為要發酵到隔夜，打太剛好，我們設定要發酵到隔夜可能會有問題。

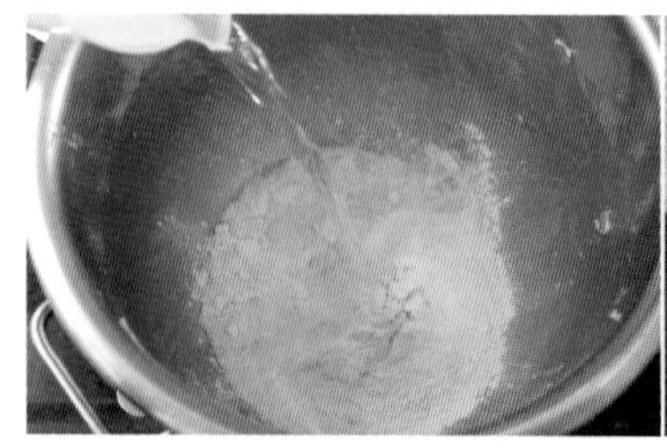
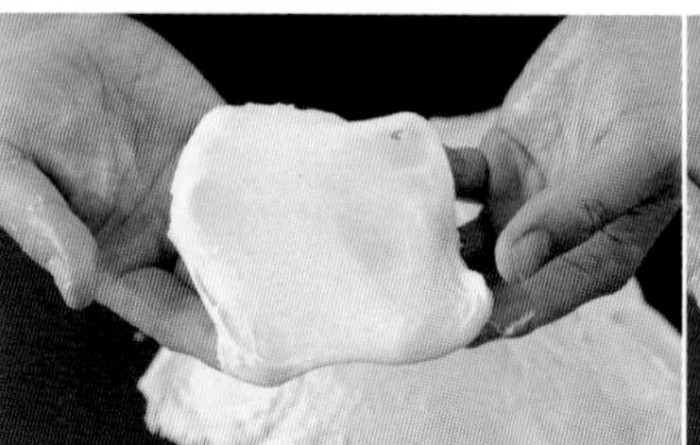
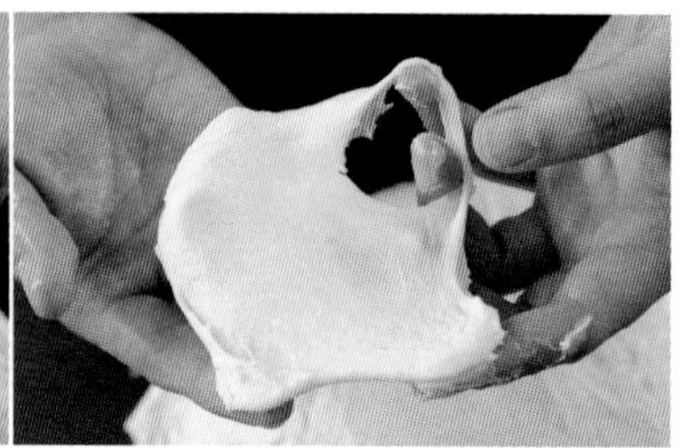

5 **II 基本發酵**：烤盤抹水，放上麵團收整成圓形，送入發酵箱基本發酵 60 分鐘，溫度 25 ~ 26°C / 濕度 70 ~ 75%。

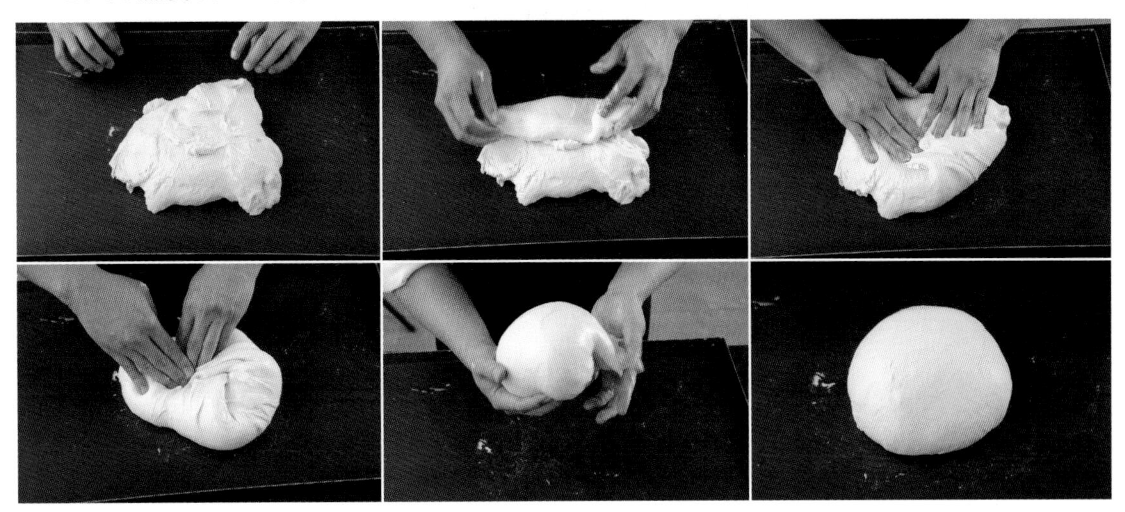

6 **III 翻麵冷藏**：手抹水，用刮板從底部鏟入取下麵團，手托住麵團中心，兩端麵團會自然垂下，放於烤盤；轉向再來數次，確定表面光滑平整，用袋子蓋起妥善包覆四邊，4 ~ 6°C 冷藏至隔夜，冷藏 14 ~ 18 小時。

7 **IV 分割**：操作前放於室溫，自然退冰至 18 ~ 20°C，切麵刀分割 250g，切的時候以井字形方式切割，隨意亂切會切斷麵團組織。雙手托著麵團，朝右下角轉動收整成圓形。

8 **V 中間發酵**：20 ~ 30 分鐘，溫度 25 ~ 26°C / 濕度 70 ~ 75%。

棍子麵包

Baguette

材料 INGREDIENTS

份量：250g 可做 3 ～ 4 個

材料	公克
麵團	1 份（P.20 ～ 21）
高筋麵粉	適量

製作工序 OUTLINE

• 使用P.21中間發酵完成之麵團

• 參考作法整形

• 40～50分鐘，溫度25～26°C/濕度75%

• 篩高筋麵粉，割一刀
• 上下火220°C，烤23～25分鐘

作法 METHOD

1 VI 整形：表面撒粉防止沾黏，用切麵刀朝底部將麵團鏟起，挪到桌面上。輕輕拍開。

2 翻面，指尖由下往上摺一半，再由上往下摺回。

3 取兩端左右拉長，一節一節摺起，雙手從中心往外搓，搓成長 30 公分，中心胖兩端細。

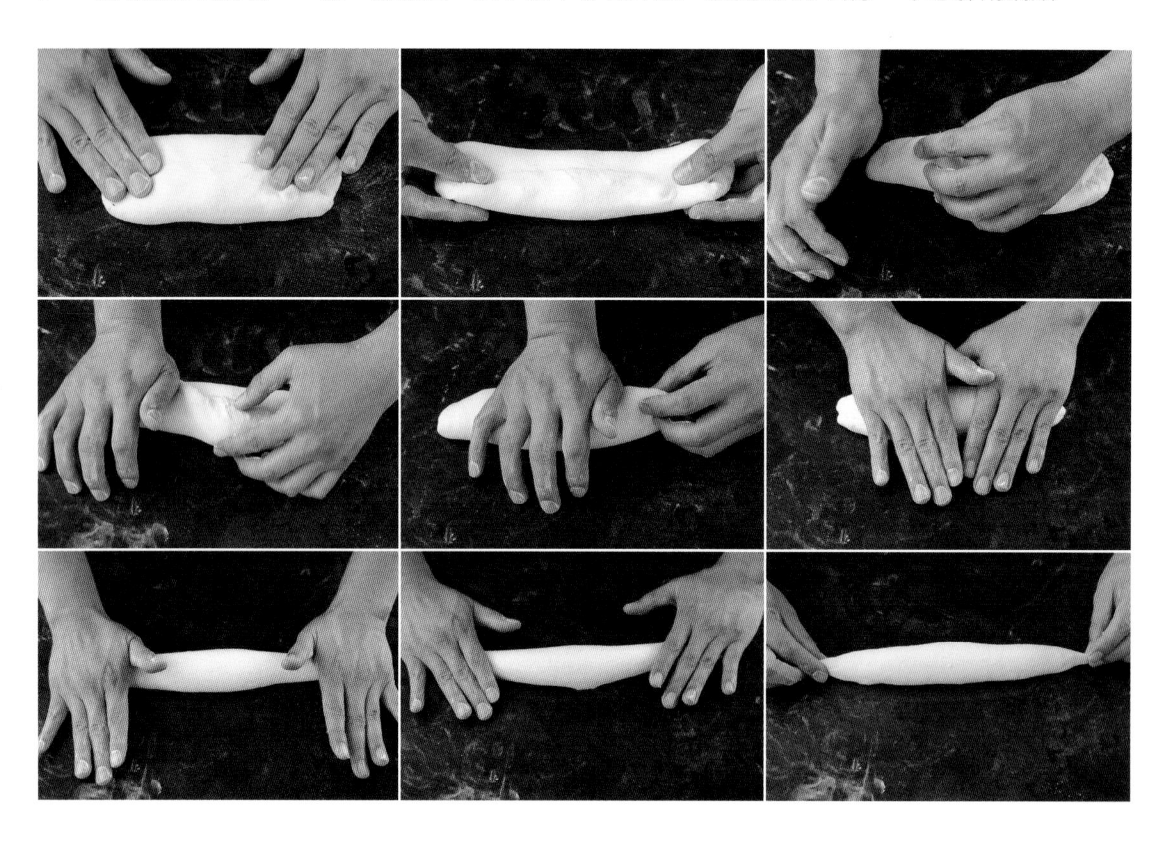

4 翻面，雙手捏住麵團底部收口處，正面朝下沾上適量高筋麵粉。

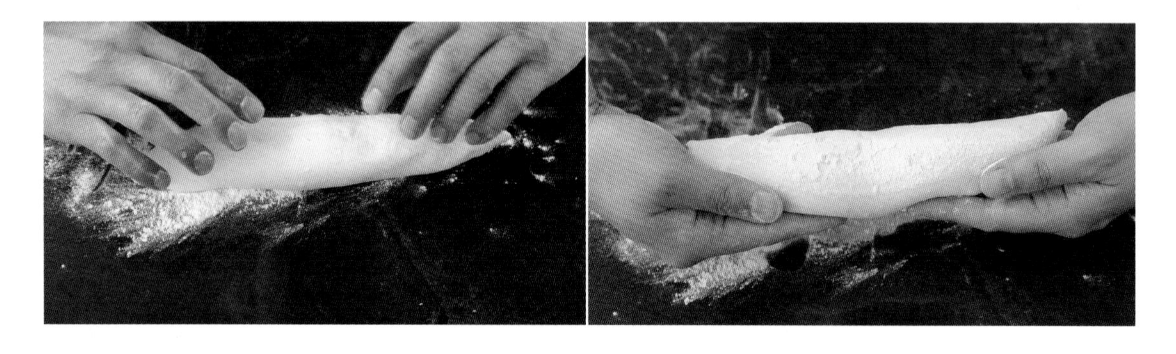

5　烤盤放上帆布，撒適量高筋麵粉防止沾黏，麵團正面朝下放上帆布，把帆布摺起區隔麵團。

POINT｜正面朝下發酵才會平整，烘烤後相對法國麵包表面也會比較漂亮。

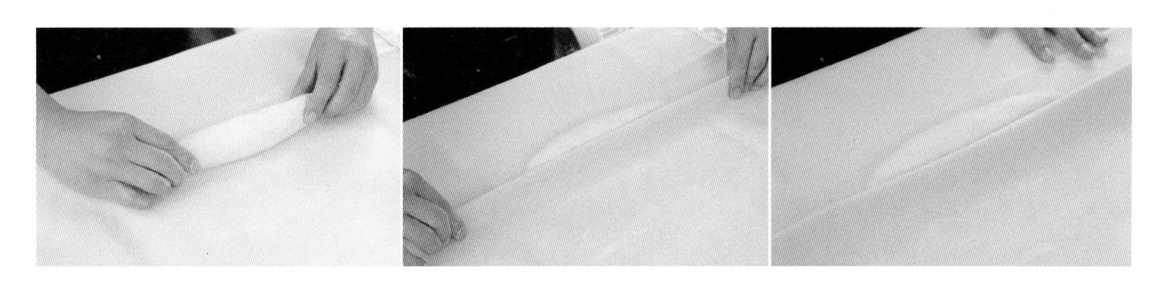

6　VII 最後發酵：40 ~ 50 分鐘，溫度 25 ~ 26°C / 濕度 75%。

7　VIII 裝飾烘烤：準備入爐，一手拿著移麵板，另一手將帆布朝移麵板傾倒，將麵團輕輕放上移麵板，再間距相等放上不沾烤盤布。

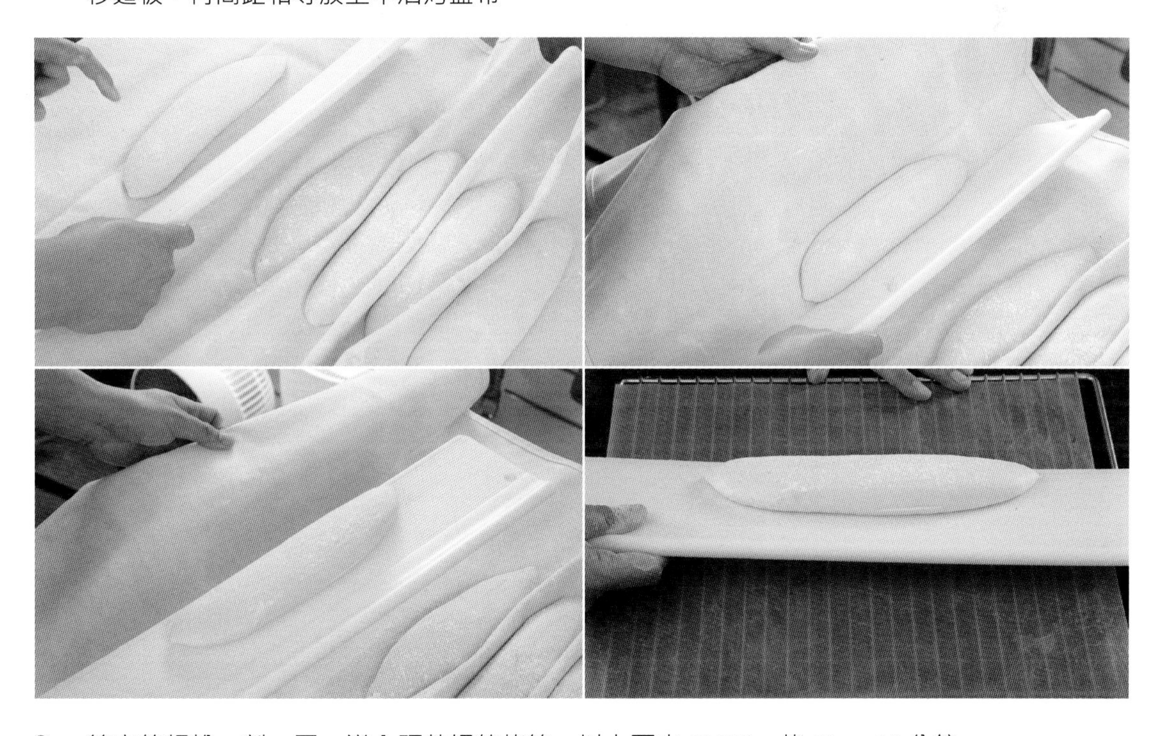

8　篩高筋麵粉，割一刀，送入預熱好的烤箱，以上下火 220°C，烤 23 ~ 25 分鐘。

Bread
2

油封香蒜長棍

材料 INGREDIENTS

份量：3 條

材料	公克
棍子麵包（P.23 ~ 25）	1 條
油封香蒜醬（P.230）	適量

製作工序 OUTLINE

- 取棍子麵包剖半
- 抹油封香蒜醬，以上下火180°C烤3 ~ 5分鐘

作法 METHOD

1 **麵包加工**：以鋸齒刀將棍子麵包橫向剖開，要從頭到尾切斷。

2 **抹醬烘烤**：表面抹上適量油封香蒜醬，送入預熱好的烤箱，以上下火 180°C 烤 3 ~ 5 分鐘，烤到抹醬融入，與麵包完美結合。

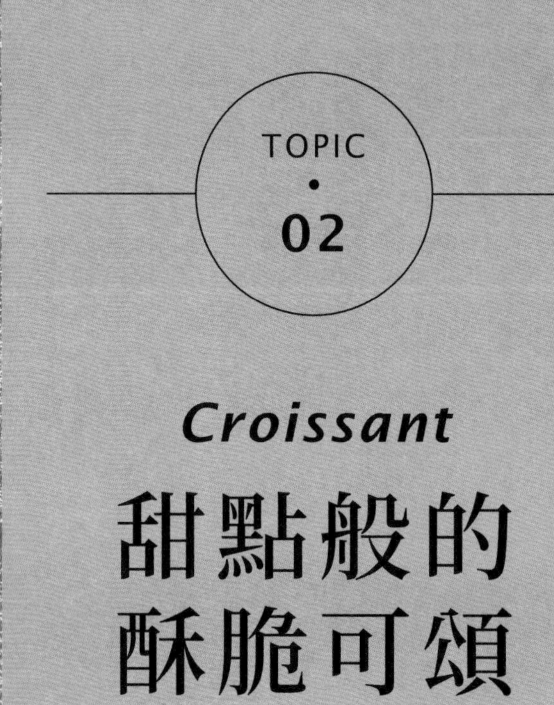

TOPIC • 02

Croissant

甜點般的酥脆可頌

靜待著所有風味慢慢融合

可頌本身是一種比較 Q 的麵團，要擀開讓奶油跟麵團層層疊疊，奶油太軟，操作性會比較差。一般專門做可頌的店家都會買專用的奶油片，其實成分是一樣的，只是乳脂比例有些許不同。製作上比較推薦使用歐洲奶油，一般來說歐洲的奶油乳脂肪比例都會稍微高一點點。

可頌專用的奶油片與普通奶油區別在於，一般烘焙用的奶油乳脂肪大約是 82 ~ 83%，可頌專用的奶油片則會到 83 ~ 84%。差這 1%，就是它乳脂肪的比例濃度，以及它操作起來整體的細節感、滑順感。

BASIC

Croissant 基礎操作手法

材料 INGREDIENTS

液種法	百分比	公克
法國麵包粉	33	300
鮮奶	37	330
新鮮酵母	1	10

裹油	公克
裹入奶油片	500

POINT | 新鮮香草莢不一定每支形狀都一樣，可以先用刀背把整個形狀順一下，橫向剖開，用刀子剔出香草籽使用。

主麵團	百分比	公克
法國麵包粉	67	600
海鹽	2	15
二砂糖	7	65
新鮮酵母	3	25
全蛋	20	180
動物性鮮奶油	3	25
新鮮香草莢	無	1 條
無鹽奶油	8	75
麵團總重	1625（不含裹油奶油片）	

製作工序 OUTLINE

- 液種拌勻室溫 25～26°C發酵 1小時
- 主麵團完成溫度23～24°C

II 基本發酵

- 30分鐘，室溫 25～26°C
- 擀長50×寬32公分，冷凍20分，冷藏14～18小時

III 裹油冷藏 四摺一

- 麵團裹油冷藏至隔天
- 四摺一後，冷藏60分鐘（或-15°C冷凍20～30分）

IV 裹油冷藏 三摺一

- 三摺一後，冷藏60分鐘（或-15°C冷凍20～30分）

- 用袋子妥善包覆四邊，放入烤盤冷藏60分鐘（或-15°C冷凍20～30分）

作法 METHOD

1 **I 攪拌（液種）**：全部材料放入攪拌缸，低速用勾狀攪拌器攪拌 3 分鐘，讓材料大致混勻。

2 轉中速攪拌 1 ～ 2 分鐘，或者用打蛋器快速拌勻，拌至材料均勻。

3 用軟刮板把缸壁整理乾淨，將麵團取出以保鮮膜封起，室溫 25 ～ 26°C 發酵 1 小時。

POINT | 發酵體積基本上不太有改變，只是看起來會微微膨膨的。

4　**I 攪拌（主麵團）**：攪拌缸入主麵團所有材料、發酵好的作法 3 液種麵團，先用勾狀攪拌器稍微混合，再以低速攪打 5 分鐘，此時呈粗糙質感（第二張圖）。轉中速 5 ～ 8 分鐘，攪打後材料會結合得更好，薄膜光滑（第三張圖）。

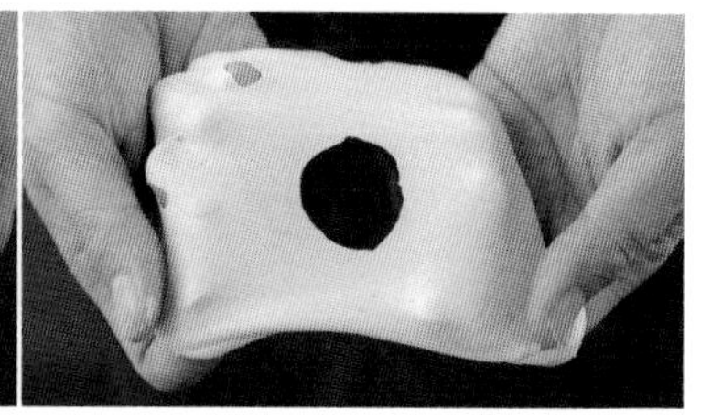

5　麵團完成溫度約 23 ～ 24°C，此時的麵團總重大約是 1600g，直接收整成圓形。

6　**II 基本發酵**：用袋子妥善包覆四邊，室溫 25 ～ 26°C 發酵 30 分鐘。

7　再把完成發酵之麵團擀成長 50 × 寬 32 公分之大小，用袋子妥善包覆四邊，先冷凍 20 分鐘（在 -15°C 環境中降溫），再冷藏 14 ～ 18 小時（4°C）。

POINT｜可頌先基本發酵，讓麵團有一定的體積、組織，再送入冷藏冷凍。

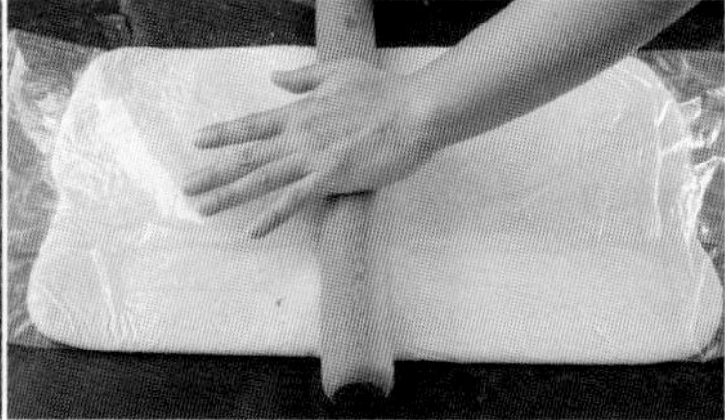
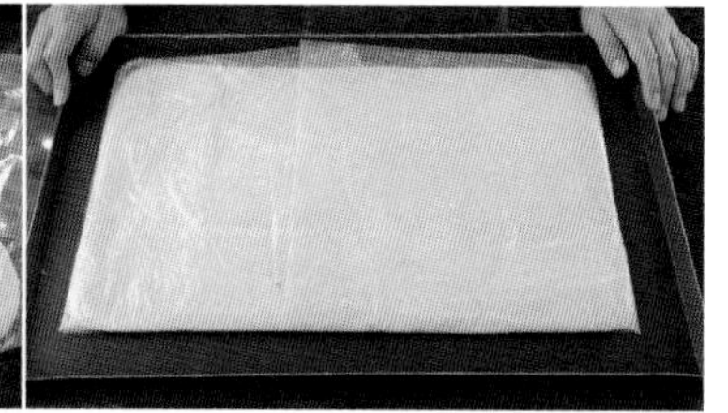

8　**III 裹油冷藏（處理奶油片）**：奶油片先放入塑膠袋，把塑膠袋上下摺起，透過敲的過程將 4 ～ 6°C 奶油敲到需要的長度，敲完溫度大約會是 10 ～ 12°C。

POINT｜敲的途中，如果奶油形狀不平整，記得用小刀修補形狀，拼拼湊湊，拼完之後要是一個完整的狀態。麵團送入發酵後要立刻處理奶油片，兩個東西同步冷藏到隔天，時間才會剛好。

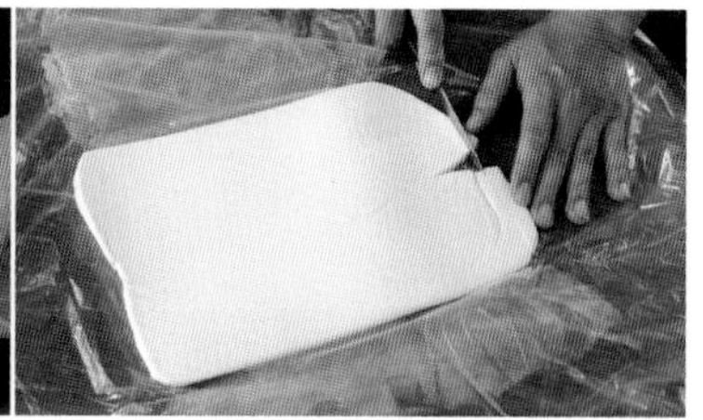

9　把袋子摺起再次敲開，四邊摺起，用擀麵棍把奶油擀到盡可能貼合袋子，成長 30x 寬 20 公分長方片，奶油溫度約 12 ～ 14°C，若高於 14°C 以上要冰冰箱。

POINT｜奶油溫度低於 10°C 會硬化喪失延展性，擀的時候會裂開碎裂；延展性、彈性在 12°C 後產生，之後便慢慢減弱，到 18°C 會變成黏性。最良好的操作溫度是介於 12 ～ 13°C 之間。

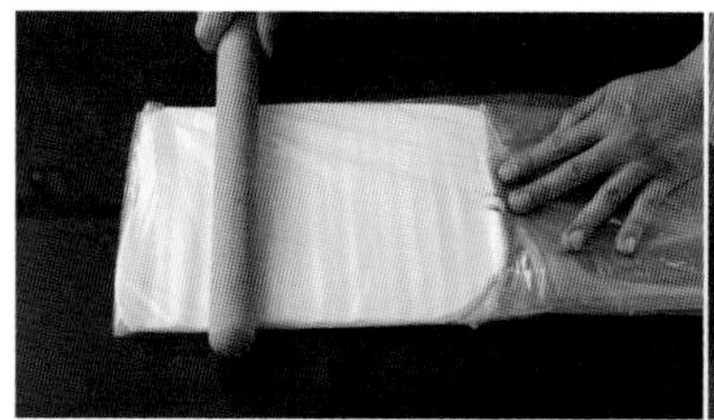
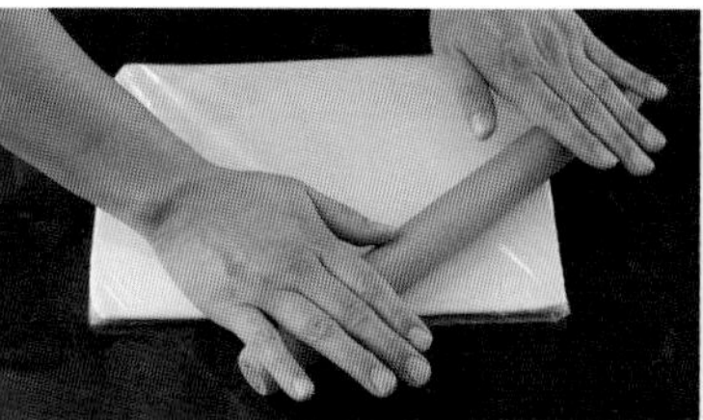

BASIC

•

Croissant 麵團裹油 & 四摺一的方法

10 III 裹油冷藏（麵團裹油）：麵團冷藏至隔天取出，準備裹入奶油片。此時麵團尺寸長 50 × 寬 32 公分。

11 麵團放上奶油片，奶油左右兩邊的麵團用擀麵棍輕壓，讓邊邊更好地貼合，壓一下這是為了把位置壓出來，直接摺奶油會在對摺處堆積，有一部分會特別厚。

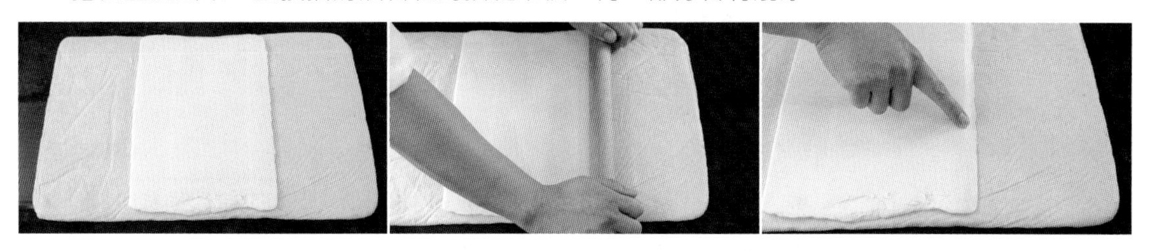

12 兩側朝中心摺回，下一個動作把擀麵棍打橫，壓數下，讓麵團與奶油更好地貼合。在麵團左右兩側用小刀切開，切開是為了讓麵團有足夠的鬆弛力量（深度大概 0.2 ～ 0.3 公分）。

13 送入壓延機壓延，大約壓延至長 85x 寬 30 公分。操作完的麵團溫度大約落在 10 ～ 12°C，摺完就要冰了（盡可能摺完都要冰過，操作性比較好），放入烤盤冷藏 60 分鐘（或 -15°C 冷凍 20 ～ 30 分）。

POINT｜理想的麵團與奶油溫度是 12 °C 正負 1°C，到 15°C 就太高了，操作時奶油容易破酥。

14 III 裹油冷藏（四摺一）：取出麵團，修邊，修邊的目的是讓整體形狀更完整。取一側麵團測量 10 公分，用擀麵棍壓一個凹痕，摺回，把另一側麵團也摺回。

15 中心用擀麵棍壓一個凹痕，對摺，壓延整形成長 50 × 寬 32 公分之大小。在麵團左右兩側用小刀切開，切開是為了讓麵團有足夠的鬆弛力量（深度大概 0.2 ～ 0.3 公分）。

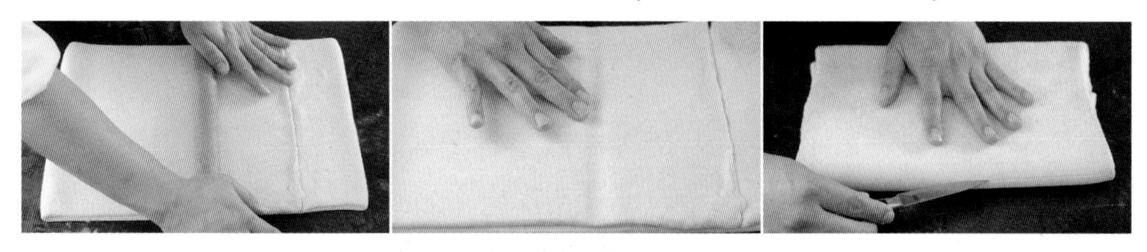

16 用袋子妥善包覆四邊，放入烤盤冷藏 60 分鐘（或 -15°C 冷凍 20 ～ 30 分）。冷藏後麵團表面如果有泡泡，直接刺破即可。

BASIC

•

Croissant 三摺一 & 摺疊的秘密

17 **IV 裹油冷藏（三摺一）**：取出麵團，麵團取出的溫度大約是 12°C 正負 1°C。再次修邊，修邊的目的是讓奶油麵團整體形狀更完整。整體大約長 70 × 寬 25 公分。

18 麵團目測三等份，取 1/3 朝內摺，取另外一部分 1/3 朝內摺（即成三摺麵團）。摺好的麵團大小接近長 24 × 寬 24 公分正方片。

19 **V 中間發酵**：用袋子妥善包覆四邊，放入烤盤冷藏 60 分鐘（或 -15°C 冷凍 20 ～ 30 分）。

POINT

食譜中有寫到「妥善包覆四邊」都要包到這個程度。基本上冷藏 / 冷凍麵團，麵團的發酵體積不會太大，用袋子包好是為了避免冰箱內的冷空氣使表面風乾。

摺疊的秘密

裹油的技法是「摺越多，層次越多」，但在實務操作上，若希望層次多而不停地摺疊，烘烤後反而不明顯，油脂會與麵團融為一體。我個人認為最好的摺疊次數是「四摺一次 + 三摺一次」，不僅失敗率低，烤出來的層次也最明顯好看～

Bread • 3

巴黎可頌

這款設定成甜點類的可頌，我們希望它吃起來有一點風味，所以額外多刷了糖漿。維也納糖漿的甜味跟麵包搭配時，會帶出麵團本身的甘甜，提升麵包整體的層次，並且烤完也會比較亮。

材料 INGREDIENTS

份量：約 15 顆

材料	公克
維也納糖漿（P.230）	適量

製作工序 OUTLINE

- 使用P.35中間發酵完成之麵團

- 參考作法整形

- 120分鐘，溫度26～28°C 濕度70～75%

- 噴水，電烤箱以上下火210°C，烤20～22分鐘

作法 METHOD

20 VI 整形：冷凍取出溫度大約是 11.8°C，操作溫度若低於 10°C 皮會裂開，最佳溫度是 12°C 正負 1°C。

21 麵團壓延到厚度 4 毫米左右，長寬不計。取 8 公分切三角長片，把三角片前後拉長，再把 8 公分端左右拉到 9 公分，由此端開始捲，捲到最後稍微把尾端拉長、拉細，再捲起，這個手法可以讓麵團完全貼合；接口處朝下放置。

POINT | 整形可以做兩個規格：❶ 長 30 × 寬 9；❷ 長 30 × 寬 12。第一款比較圓潤，適合直接吃；第二款較為細長，適合切開後夾入生菜、火腿等食材做成調理麵包。

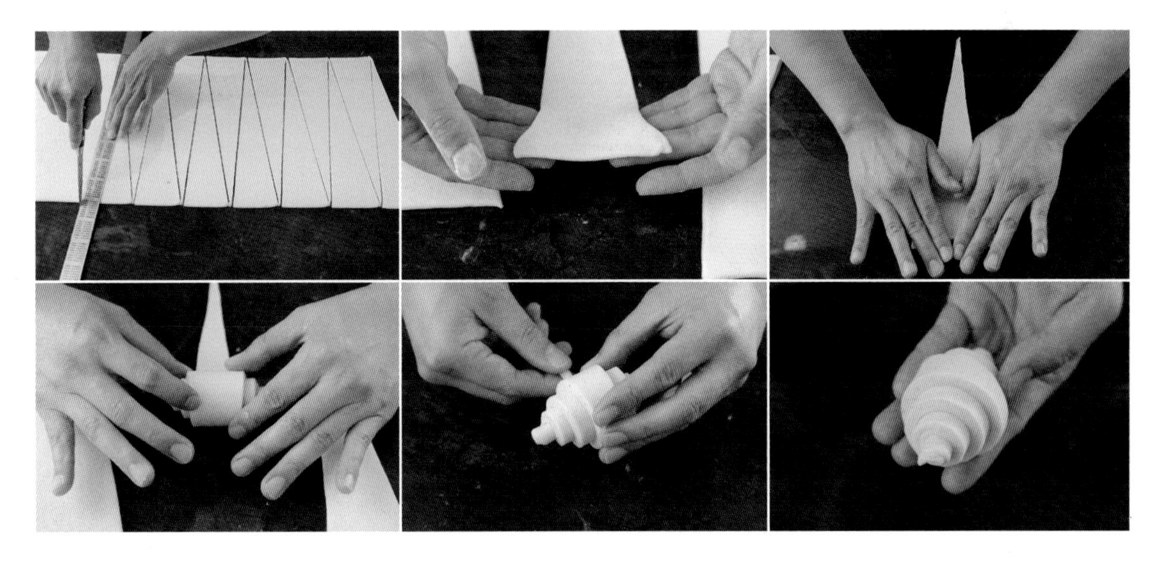

22 VII 最後發酵：120 分鐘，溫度 26 ～ 28°C / 濕度 70 ～ 75%（濕度太濕會全部黏住沒有層次）。

23 VIII 烘烤：表面噴水，送入預熱好的烤箱，專業旋風爐以 180°C，風速 1，烤 20 ～ 22 分。電烤箱以上下火 210°C，烤 20 ～ 22 分鐘。

24 出爐刷適量維也納糖漿，送入預熱好的烤箱，上下火設定 180°C，烤 2 ～ 3 分鐘完成～

名店變化！杏仁奶油可頌

材料 INGREDIENTS

份量：示範 1 顆

材料	公克
#3 巴黎可頌（P.37）	1 個
杏仁奶油醬（P.229）	適量
杏仁片	10
純糖粉	適量

作法 METHOD

1 擠花袋裝入杏仁奶油醬，擠不間斷的閃電狀在麵包表面。

2 撒杏仁片，篩純糖粉，送入預熱好的烤箱，上下火設定 180°C，烤 10 ~ 15 分鐘完成~

Bread
•
5

名店變化！金桔檸檬糖霜可頌

材料 INGREDIENTS

份量：示範 1 顆

材料	公克
#3 巴黎可頌（P.37）	1 個
金桔檸檬糖霜（P.230）	適量
新鮮檸檬	1 顆

作法 METHOD

1　可頌出爐再開始製作「金桔檸檬糖霜」。糖霜材料全部放入鍋子，用隔水加熱方式加熱至 50°C，有流性後即可使用。

2　烤盤架一個冷卻架，放上可頌，再淋金桔檸檬糖霜。多餘的糖霜會堆積在烤盤，可以蒐集起來下次再用。

POINT｜用沾的檸檬糖霜會被影響，淋完糖霜則是乾淨的（使用時一樣是加熱至 50°C）。

3　在糖霜還未乾掉之前，表面刨適量新鮮檸檬皮，完成～

Bread • 6

名店變化！花生酥菠蘿可頌

材料 INGREDIENTS

份量：示範 1 顆

材料	公克
#3 巴黎可頌（P.37）	1 個
花生奶油醬（P.228）	適量
花生酥菠蘿（P.227）	適量
防潮糖粉	適量
開心果屑	適量

作法 METHOD

1 擠花袋套花嘴 SN7122，裝入花生奶油醬，擠適量在可頌表面。

2 撒烤熟的花生酥菠蘿，篩防潮糖粉、撒開心果屑完成～

Bread
•
7

名店變化！焦糖香草卡士達可頌

材料 INGREDIENTS

份量：示範 1 顆

材料	公克
#3 巴黎可頌（P.37）	1 個
基礎卡士達醬（P.180 ~ 181）	適量
法式鹽味焦糖醬（P.228）	適量

作法 METHOD

1 擠花袋套花嘴 SN7067，分別裝入基礎卡士達醬、法式鹽味焦糖醬。

2 擠適量在可頌表面，完成~

名店變化！熱帶水果可頌

材料 INGREDIENTS

份量：示範 1 顆

材料	公克
#3 巴黎可頌（P.37）	1 個
芒果百香果奶油（P.229）	適量
蛋白糖（P.231）	適量
防潮糖粉	適量
乾燥草莓粒	適量

作法 METHOD

1　擠花袋套花嘴 SN7067，裝入芒果百香果奶油醬，從可頌中心灌入適量內餡。

2　篩防潮糖粉，灌餡處放一顆蛋白糖，點綴乾燥草莓粒完成～

Bread • 9

名店變化！牛奶巧克力甘納許可頌

材料 INGREDIENTS

份量：示範 1 顆

材料	公克
#3 巴黎可頌（P.37）	1 個
牛奶巧克力甘納許（P.226）	適量
熟杏仁片	適量
防潮糖粉	適量

作法 METHOD

1 可頌出爐再開始製作「牛奶巧克力甘納許」。

2 烤盤架一個冷卻架，放上可頌，再淋牛奶巧克力甘納許。多餘甘納許會堆積在烤盤，可蒐集起來下次再用。

POINT 用沾的甘納許會被影響，淋完則是乾淨的（使用時一樣是加熱至有流性）。

3 在甘納許還未凝固之前，表面撒適量熟杏仁片。完全凝固後篩防潮糖粉，完成~

Bread
10

名店變化！古典巧克力甘納許可頌

材料 INGREDIENTS

份量：示範 1 顆

材料	公克
#3 巴黎可頌（P.37）	1 個
酒釀巧克力甘納許（P.226）	適量
鈕扣狀巧克力豆	10
防潮可可粉	適量

作法 METHOD

1 可頌出爐再開始製作「酒釀巧克力甘納許」。

2 烤盤架一個冷卻架，放上可頌，再淋酒釀巧克力甘納許。多餘的甘納許會堆積在烤盤，可以蒐集起來下次再用。

POINT｜用沾的甘納許會被影響，淋完則是乾淨的（使用時一樣是加熱至有流性）。

3 在甘納許還未凝固之前，表面撒適量鈕扣狀巧克力豆。完全凝固後篩防潮可可粉，完成~

Bread • 11

家庭製作不浪費！
焦糖榛果卡滋卡哩可頌

材料 INGREDIENTS

份量：1 模放 70g，直徑 10 公分矽膠模（高 3.5 公分）

材料	公克
二砂糖	適量
法式鹽味焦糖醬（P.228）	8 ~ 10
榛果奶油醬（P.228）	適量
食用金箔	適量

製作工序 OUTLINE

• 使用巴黎可頌（P.37）作法21修整的邊角料

• 參考作法整形

• 120分鐘
溫度26～28°C
濕度70～75%

• 噴水撒二砂糖
以上下火200°C
烤15～20分鐘

• 依序擠法式鹽味焦糖醬、榛果奶油餡，裝飾金箔

作法 METHOD

1 **VI 整形**：把巴黎可頌（P.37）作法 21 修整的邊角料隨意切成粒狀，放入圓形矽膠模中，一模堆疊 70g 麵團。

2 **VII 最後發酵**：120 分鐘，溫度 26 ～ 28°C / 濕度 70 ～ 75%（濕度太濕會全部黏住沒有層次），發到接近八分滿。

3 **VIII 裝飾烘烤**：表面噴水撒二砂糖，先蓋一張不沾烤盤布，再蓋烤盤。送入預熱好的烤箱，以上下火 200°C，烤 15 ～ 20 分鐘。

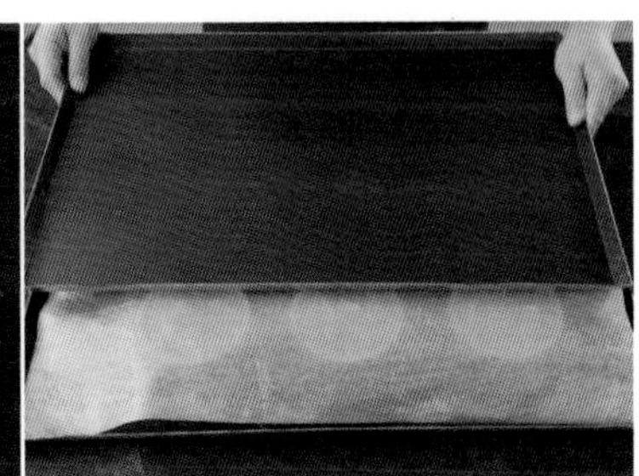

4 **IX 出爐裝飾**：出爐擠 8 ～ 10g 法式鹽味焦糖醬抹平。擠花袋套花嘴 SN7029 裝入榛果奶油餡，擠三圈，中心用法式鹽味焦糖醬填滿，點金箔。

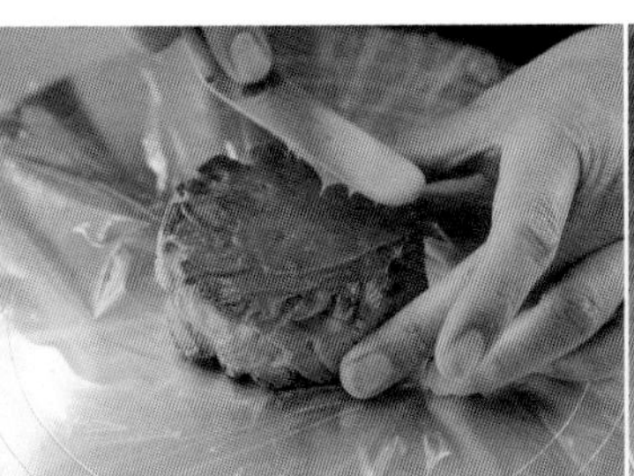

TOPIC

•

03

Viennoiserie

傳統的維也納麵包

當季食材融合的美味滋味

BASIC

維也納基本製作

材料 INGREDIENTS

液種法	百分比	公克
高筋麵粉	33	300
鮮奶	37	330
新鮮香草莢	無	1 條
新鮮酵母	1	10
麵團總重	2253（液種 + 主麵團）	

POINT 新鮮香草莢不一定每支形狀都一樣，可以先用刀背把整個形狀順一下，橫向剖開，用刀子剔出香草籽使用。

主麵團	百分比	公克
高筋麵粉	78	700
雞蛋（常溫）	37	330
動物性鮮奶油	3	30
海鹽	2	18
二砂糖	18	160
新鮮酵母	3	25
無鹽奶油（16 ~ 18°C）	39	350

製作工序 OUTLINE

I 攪拌（液種）
- 液種低3，中1 ~ 2
- 室溫25 ~ 26°C 發酵1小時

II 攪拌（主麵團）
- 低速5分。下奶油再低3，中3 ~ 5
- 主麵團完成溫度23°C

III 基本發酵
- 45分鐘 溫度25 ~ 26°C 濕度70 ~ 75%

IV 分割
- 分割60g、250g、500g（根據產品選擇分割重量）

V 中間發酵
- 4 ~ 6°C冷藏至隔夜 冷藏14 ~ 18小時
- 操作前退冰至16 ~ 18°C

作法 METHOD

1 I 攪拌（液種）：全部材料放入攪拌缸，低速用勾狀攪拌器攪拌 3 分鐘，讓材料大致混勻。

2 轉中速攪拌 1 ~ 2 分鐘，或者用打蛋器快速拌勻，拌至材料均勻。

3 用軟刮板把缸壁整理乾淨，將麵團取出以保鮮膜封起，室溫 25 ~ 26°C 發酵 1 小時。

圖片為發酵後

4　<u>II 攪拌（主麵團）</u>：攪拌缸入發酵好的作法 3 液種麵團、主麵團所有材料（除了無鹽奶油），先用勾狀攪拌器稍微混合，再以低速攪打 5 分鐘，看到這個狀態就可以下奶油。

5　下室溫軟化的無鹽奶油（奶油溫度約 16°C），低速 3 分鐘，攪打至奶油與麵團大概結合；轉中速攪打 3 ～ 5 分鐘，攪拌至麵團光滑有延展性，可以拉出薄膜。麵團完成溫度約 23°C。

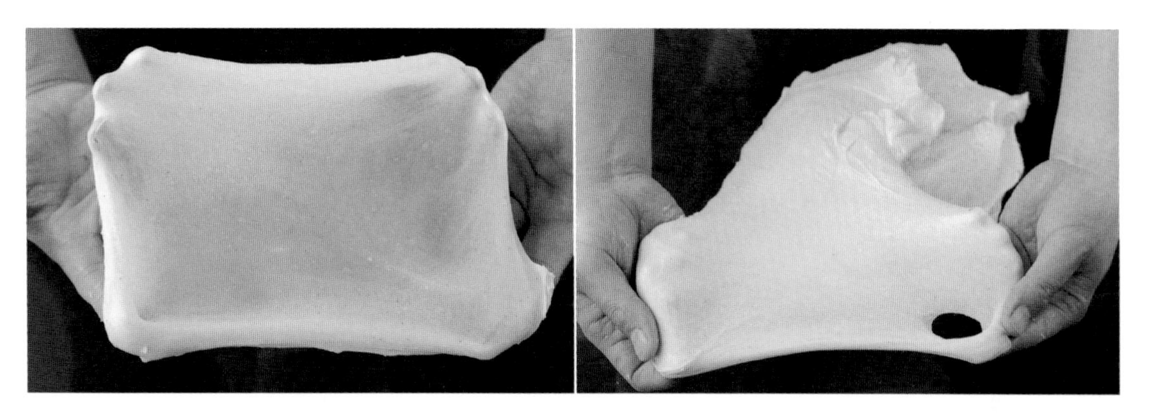

6　<u>III 基本發酵</u>：麵團放上桌面收整成圓團。烤盤噴少許烤盤油防止沾黏，表面蓋上一層布，送入發酵箱基本發酵 45 分鐘，溫度 25 ～ 26°C / 濕度 70 ～ 75%。

POINT

發酵後麵團大概會膨脹 1.5 ～ 2 倍大。

發酵箱中有完整的溫濕度控制，其實可以不蓋袋子，一般家庭操作沒有發酵箱，建議表面蓋上袋子（或一塊布）。

BASIC

•

維也納麵團
分割 & 中間發酵

（根據產品選擇分割重量）

7 **IV 分割**：桌面噴適量烤盤油（防止沾黏），切麵刀從發酵好的麵團底部鏟入，移至桌面。根據產品選擇分割重量，分割若隨意亂切會破壞麵筋，可以依照「井字型」切一塊秤一塊，盡可能在 1 ～ 2 刀內達到所需重量。

500g 分割示範：切麵刀分割 500g，雙手托著麵團，朝右下角轉動收整成圓形。

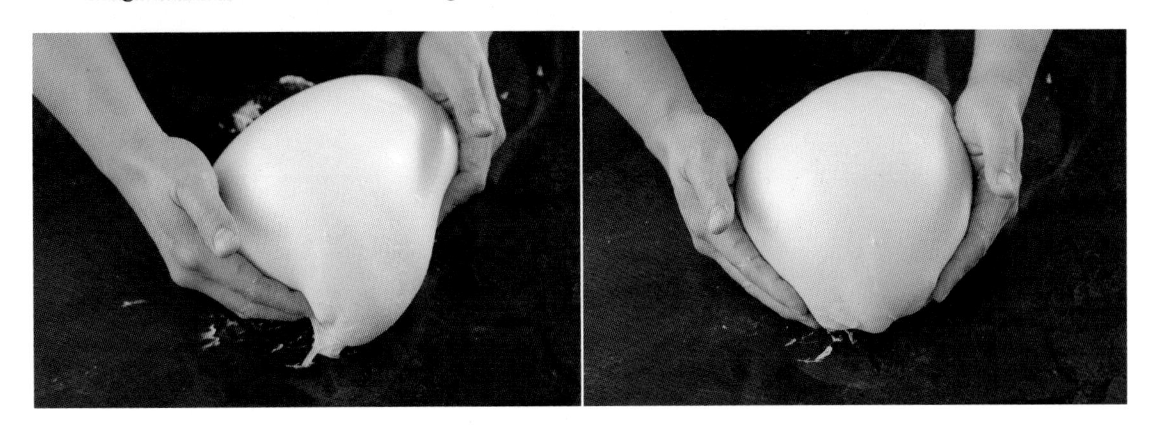

250g 分割示範：切麵刀分割 250g，雙手在麵團底部托著麵團，將麵團外緣往中心收，收整成圓形。

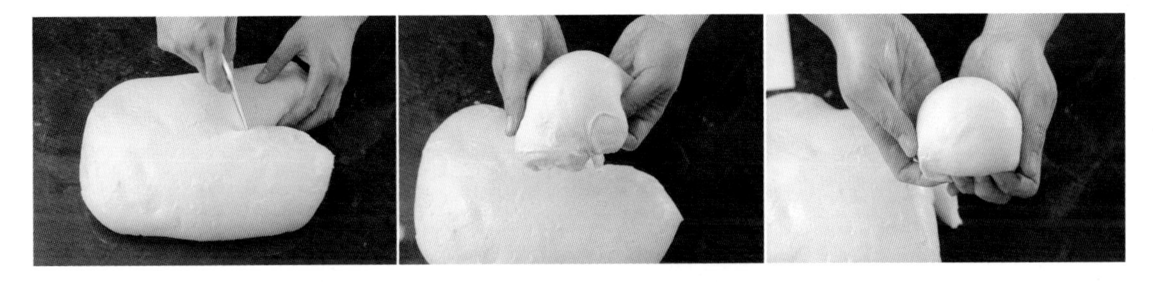

60g 分割示範：切麵刀分割 60g，五指成爪狀，將麵團收整成圓形。

8 **V 中間發酵**：不沾烤盤噴適量烤盤油，將麵團間距相等擺入，用袋子蓋起妥善包覆四邊，4 ～ 6°C 冷藏至隔夜，冷藏 14 ～ 18 小時。

POINT | 冷藏發酵的麵團，發酵完畢後需將麵團退冰至 16 ～ 18°C，才能整形。退冰要用探針測量麵團中心溫度，若只測表面溫度，表面 16°C，中心可能只有 6 ～ 10°C，太硬的麵團會影響操作性。

Bread
12

布里歐吐司

材料 INGREDIENTS

份量：60g（一模 8 顆）
吐司模 SN2052，可做 4 ~ 5 模

材料	公克
維也納麵團	1 份（P.50 ~ 53）
維也納糖（P.230）	適量

製作工序 OUTLINE

- 使用P.53中間發酵完成之麵團
- 參考作法整形
- 90～120分鐘
溫度25～26°C
濕度75%
- 上下火180°C
烤30～35分鐘

作法 METHOD

1 VI 整形：取 60g 中間發酵完成的麵團，退冰至 16 ～ 18°C 再開始整形。桌面撒高筋麵粉防止沾黏，將麵團再次滾圓。

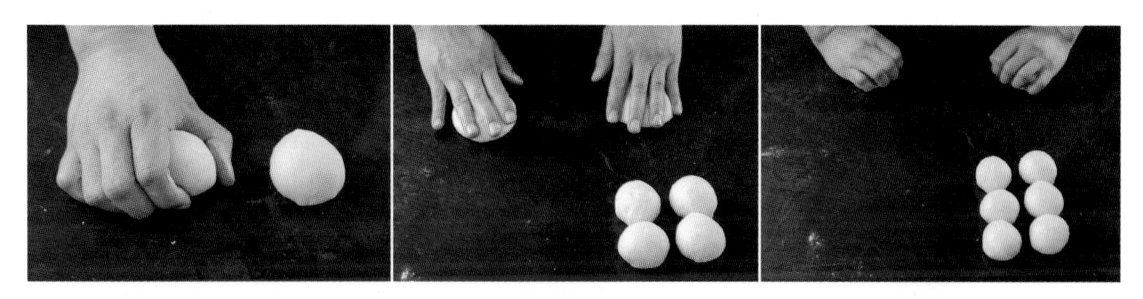

2 VII 最後發酵：放入吐司模中，一模放 8 顆。發酵 90 ～ 120 分鐘，溫度 25 ～ 26°C / 濕度 75%，發酵至 7 分滿。

3 VIII 烘烤：表面噴水，送入預熱好的烤箱，以上下火 180°C，烤 30 ～ 35 分鐘。

4 出爐重敲震出熱氣，刷適量維也納糖漿完成～

POINT | 刷糖漿會比較好吃，不烤是因為再烤會變乾，吐司就是想吃濕潤的，因此不烤。我們這款吐司的吸水力很好，刷完糖漿後吐司會把糖漿吸收進去，吃起來會更甘甜哦～

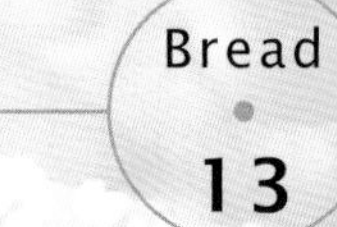

珍珠布里歐吐司

材料 INGREDIENTS

份量：250g（一模 1 顆）
吐司模 SN2151，可做 9 模

材料	公克
維也納麵團	1 份（P.50 ~ 53）
特調鮮奶油蛋液 （雞蛋 50g、動物性鮮奶油 20g）	適量
珍珠糖	適量

製作工序 OUTLINE

- 使用P.53中間發酵完成之麵團

- 參考作法整形

- 90～120分鐘
  溫度25～26°C
  濕度75%

- 參考作法裝飾
- 上下火180°C
  烤25～30分鐘

作法 METHOD

1 VI 整形：取 250g 中間發酵完成的麵團，退冰至 16 ～ 18°C 再開始整形。桌面撒高筋麵粉防止沾黏，麵團擀至厚度約 0.5 公分，翻面，底部壓薄，由前朝後收摺捲起。

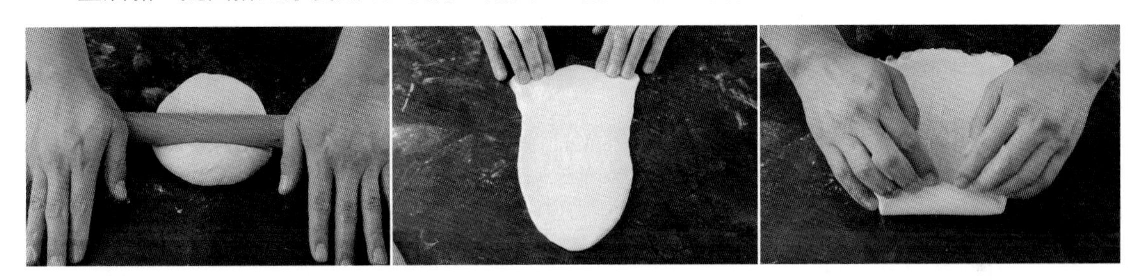

2 VII 最後發酵：放入吐司模中，一模放 1 顆。發酵 90 ～ 120 分鐘，溫度 25 ～ 26°C / 濕度 75%，發酵至 7 分滿。

3 VIII 裝飾烘烤：刷上拌勻的特調鮮奶油蛋液，剪連續不間斷的小閃電，撒珍珠糖。送入預熱好的烤箱，以上下火 180°C，烤 25 ～ 30 分鐘。出爐重敲震出熱氣，避免吐司縮腰。

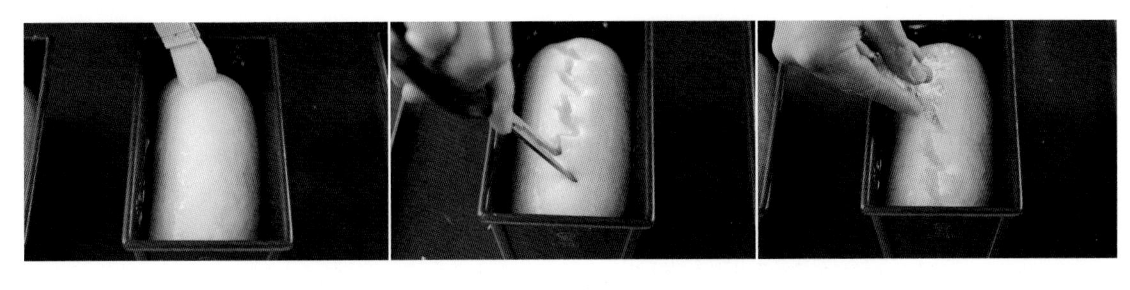

酒釀水果香布里歐

材料 INGREDIENTS

份量：60g（一模 8 顆）
吐司模 SN2052，可做 4 ～ 5 模

材料	公克
維也納麵團	1 份（P.50 ～ 53）
蜂蜜乳酪醬（P.229）	100 / 15
酒釀水果乾（P.74）	150
芒果百香果奶油醬（P.229）	1 顆
蛋白糖（P.231）	適量
防潮糖粉	適量
檸檬皮屑	適量
金箔	適量

製作工序 OUTLINE

- 使用P.53中間發酵完成之麵團

- 參考作法整形

- 90～100分鐘
  溫度25～26°C
  濕度75%

- 上下火180°C
  烤15～20分鐘
- 參考作法裝飾

作法 METHOD

1 VI 整形：取 500g 中間發酵完成的麵團，退冰至 16 ～ 18°C 再開始整形。桌面撒高筋麵粉防止沾黏，擀長40×寬20公分長方片。翻面，底部壓薄，抹蜂蜜乳酪醬100g，壓薄處留一點不抹(避免黏不起來)，鋪酒釀水果乾 150g，由前朝後收摺捲起。冷藏 60 分鐘，讓它硬一點比較好操作，不用冷凍，冷凍會太硬。而如果不冷藏便直接整形，麵團溫度容易太高，切面變形。

POINT｜退冰溫度太高，操作到中後段麵團會開始黏手，變得軟黏。

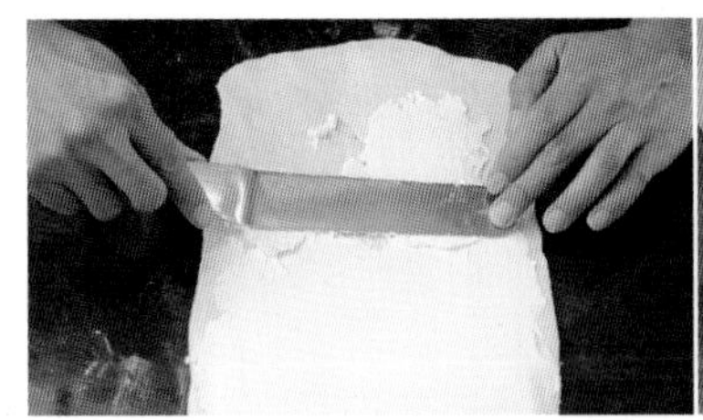

2 VII 最後發酵：冷藏後麵團溫度達到8 ～ 10°C便可繼續製作。量厚度3公分，用釣魚線割斷(刀切造型會扁一點，比較沒那麼漂亮)，放入模具發酵 90 ～ 100 分鐘，溫度 25 ～ 26°C / 濕度 75%，發酵至 7 分滿。

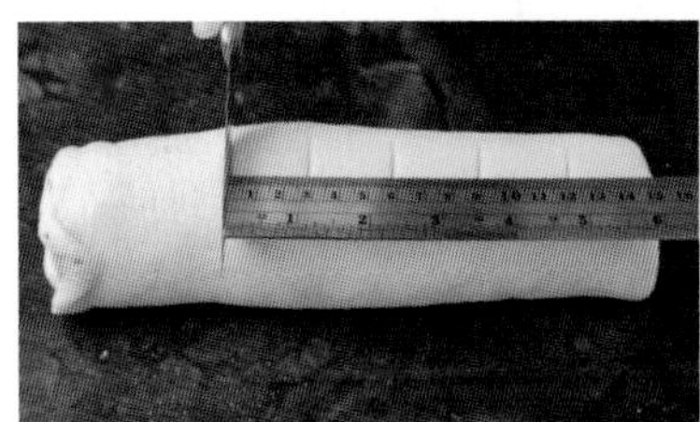

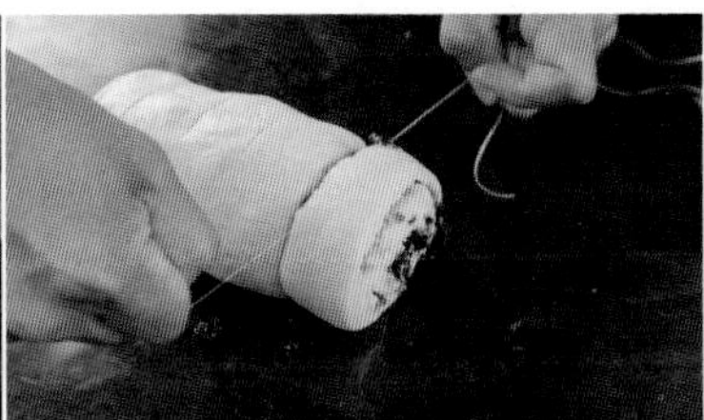

3 VIII 裝飾烘烤：表面噴水，先墊一張不沾烤盤布，再放上烤盤。送入預熱好的烤箱，以上下火 180°C，烤 15 ～ 20 分鐘。出爐放涼脫模，抹蜂蜜乳酪醬 15g，放上球狀芒果百香果奶油醬、蛋白糖，篩防潮糖粉，以適量檸檬皮屑、金箔點綴。

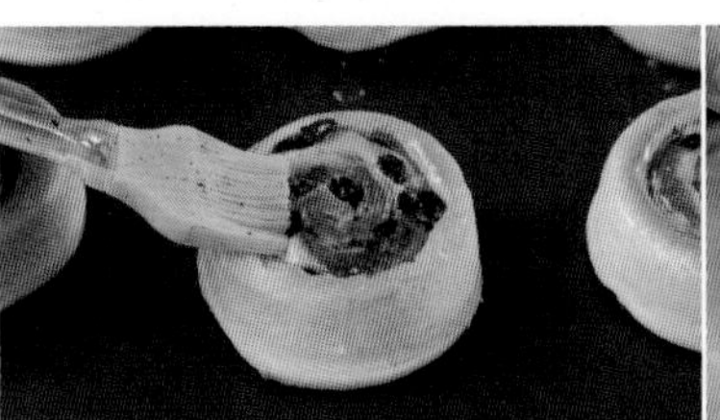

Bread • 15

焦糖香草布里歐

材料 INGREDIENTS

份量：一模 1 顆，直徑 10 公分矽膠模（高 3.5 公分）

材料	公克
維也納麵團	1 份（P.50 ~ 53）
基礎卡士達醬 P.180 ~ 181	100
杏仁酥菠蘿（P.226）	50 / 適量
特調鮮奶油蛋液（雞蛋 50g、動物性鮮奶油 20g）	適量
法式鹽味焦糖醬（P.228）	100 / 15
蛋白糖（P.231）	適量
綜合堅果	適量
開心果、熟黑芝麻	適量

製作工序 OUTLINE

- 使用P.53中間發酵完成之麵團

- 參考作法整形

- 90～100分鐘
  溫度25～26°C
  濕度75%

- 上下火180°C
  烤15～20分鐘
- 參考作法裝飾

作法 METHOD

1 VI 整形：取 500g 中間發酵完成的麵團，退冰至 16 ～ 18°C 再開始整形。桌面撒高筋麵粉防止沾黏，擀長 40 × 寬 20 公分長方片。翻面，底部壓薄，抹基礎卡士達醬 100g，壓薄處留一點不抹（避免黏不起來），鋪杏仁酥菠蘿 50g，由前朝後收摺捲起。冷藏 60 分鐘，讓它硬一點比較好操作，不用冷凍，冷凍會太硬。而如果不冷藏便直接整形，麵團溫度容易太高，切面變形。

POINT｜退冰溫度太高，操作到中後段麵團會開始黏手，變得軟黏。

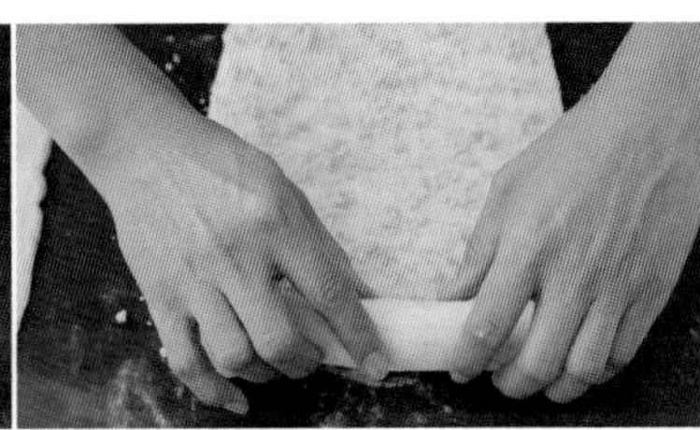

2 VII 最後發酵：冷藏後麵團溫度達到 8 ～ 10°C 便可繼續製作。量厚度 3 公分，用釣魚線割斷（刀切的造型會扁一點，比較沒那麼漂亮），放入模具發酵 90 ～ 100 分鐘，溫度 25 ～ 26°C / 濕度 75%，發酵至 7 分滿。

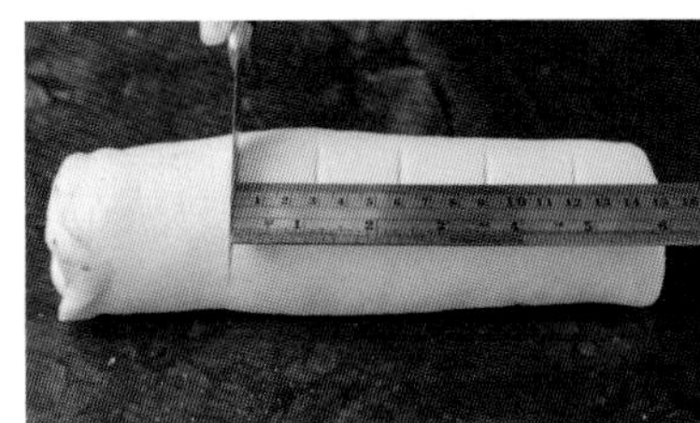
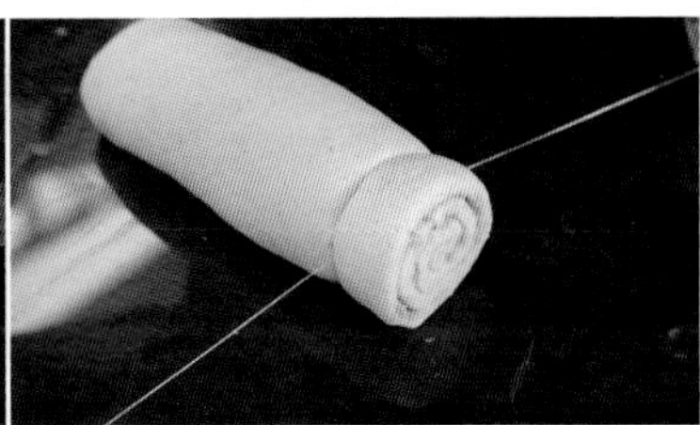

3 VIII 烘烤裝飾：表面刷特調鮮奶油蛋液，先墊一張不沾烤盤布，再放上烤盤。送入預熱好的烤箱，以上下火 180°C，烤 15 ～ 20 分鐘。出爐放涼脫模，抹適量法式鹽味焦糖醬，放上蛋白糖、綜合堅果、開心果、熟黑芝麻點綴。

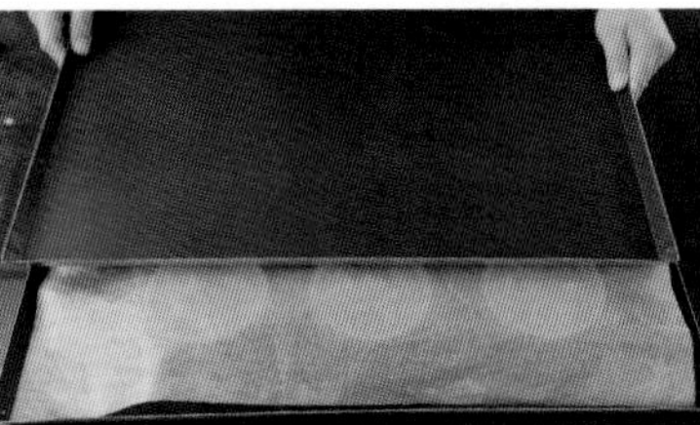

Bread • 16

肉桂焦糖奶油布里歐

材料 INGREDIENTS

份量：一模 1 顆，直徑 10 公分矽膠模（高 3.5 公分）

材料	公克
維也納麵團	1 份（P.50 ～ 53）
肉桂糖奶油醬（P.228）	100
特調鮮奶油蛋液（雞蛋 50g、動物性鮮奶油 20g）	適量
焦糖肉桂奶油醬（P.228）	適量
防潮糖粉	適量
榛果蛋白霜餅（P.185）	適量
蛋白糖（P.231）	適量

製作工序 OUTLINE

- 使用P.53中間發酵完成之麵團

- 參考作法整形

- 90～100分鐘
  溫度25～26°C
  濕度75%

- 上下火180°C
  烤15～20分鐘
- 參考作法裝飾

作法 METHOD

1　VI 整形：取 500g 中間發酵完成的麵團，退冰至 16 ～ 18°C 再開始整形。桌面撒高筋麵粉防止沾黏，擀長 40 × 寬 20 公分長方片。翻面，底部壓薄，抹肉桂糖奶油醬 100g，壓薄處留一點不抹（避免黏不起來），由前朝後收摺捲起。冷藏 60 分鐘，讓它硬一點比較好操作，不用冷凍，冷凍會太硬。而如果不冷藏便直接整形，麵團溫度容易太高，切面變形。

POINT｜退冰溫度太高，操作到中後段麵團會開始黏手，變得軟黏。

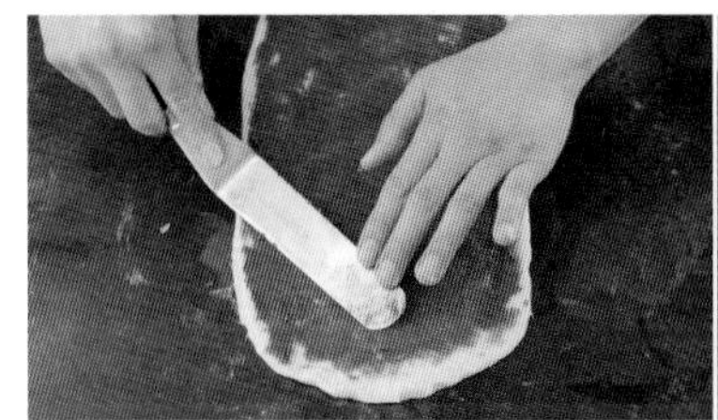
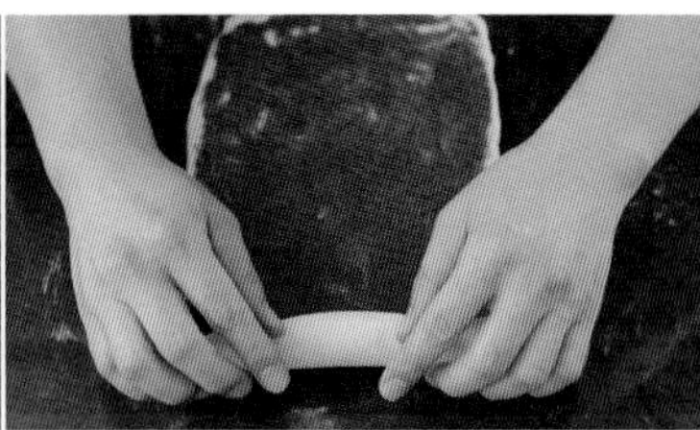

2　VII 最後發酵：冷藏後麵團溫度達到 8 ～ 10°C 便可繼續製作。量厚度 3 公分，用釣魚線割斷（刀切的造型會扁一點，比較沒那麼漂亮），放入模具發酵 90 ～ 100 分鐘，溫度 25 ～ 26°C / 濕度 75%，發酵至 7 分滿。

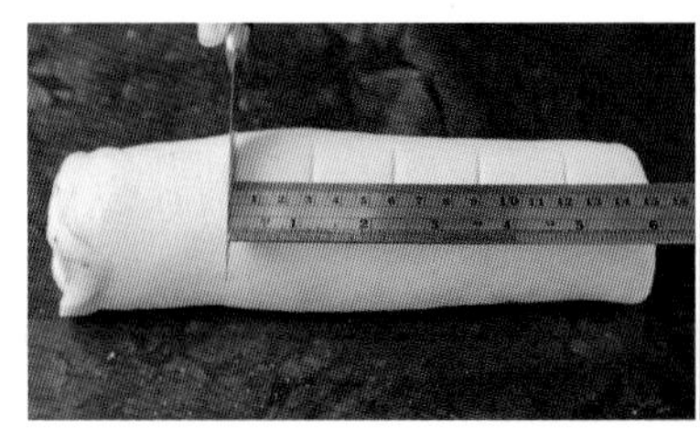

3　VIII 烘烤裝飾：表面刷特調鮮奶油蛋液，先墊一張不沾烤盤布，再放上烤盤。送入預熱好的烤箱，以上下火 180°C，烤 15 ～ 20 分鐘。出爐放涼脫模，抹適量焦糖肉桂奶油醬，篩防潮糖粉，點綴榛果蛋白霜餅、蛋白糖。

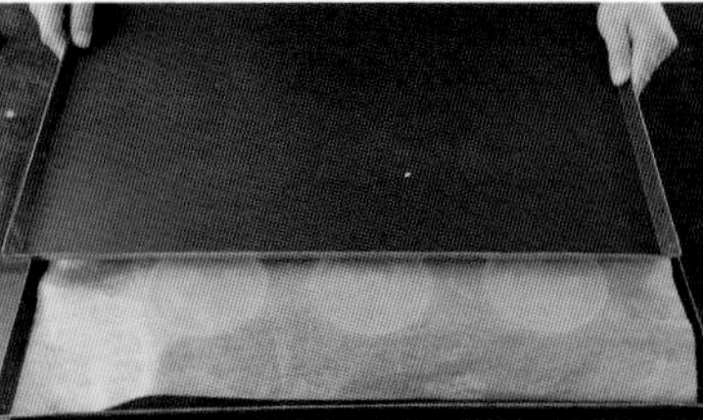

紅豆布里歐

材料 INGREDIENTS

份量：一模 1 顆（麵團 60g，紅豆餡 40g）直徑 10 公分矽膠模（高 3.5 公分）

材料	公克		
維也納麵團	1 份（P.50 ～ 53）	純糖粉	適量
紅豆餡	40	花生奶油醬（P.228）	10
杏仁奶油醬（P.229）	10	蜜紅豆粒	適量
花生酥菠蘿（P.227）	10	防潮糖粉	適量

製作工序 OUTLINE

- 使用P.53中間發酵完成之麵團

- 參考作法整形

- 90～120分鐘
  溫度25～26°C
  濕度75%

- 篩純糖粉
  上下火180°C
  烤15～20分鐘
- 參考作法裝飾

作法 METHOD

1 VI 整形：取 60g 中間發酵完成的麵團，退冰至 16 ～ 18°C 再開始整形。桌面撒高筋麵粉防止沾黏，麵團輕拍排氣，包入紅豆餡 40g，收整成圓形。放入模具輕壓數下，擠杏仁奶油醬 10g，撒生的花生酥菠蘿 10g。

2 VII 最後發酵：發酵 90 ～ 120 分鐘，溫度 25 ～ 26°C / 濕度 75%，發酵至 7 分滿。

3 VIII 烘烤裝飾：篩純糖粉，送入預熱好的烤箱，以上下火 180°C，烤 15 ～ 20 分鐘。出爐放涼脫模，擠花袋套花嘴 SN7067，裝入花生奶油醬中心擠約 10g，鋪適量蜜紅豆粒，篩防潮糖粉完成～

Bread
18

栗子香草奶酥布里歐

材料 INGREDIENTS

份量：一模 1 顆
（麵團 60g，香草奶酥餡 40g）
直徑 10 公分矽膠模（高 3.5 公分）

材料	公克
維也納麵團	1 份（P.50 ～ 53）
香草奶酥餡（P.227）	40
杏仁奶油醬（P.229）	10
杏仁酥菠蘿（P.226）	10
栗子（切四分之一）	適量
純糖粉	適量
榛果奶油醬（P.228）	15
新鮮香草莢	適量
烤熟杏仁片	適量
防潮糖粉	適量

製作工序 OUTLINE

- 使用P.53中間發酵完成之麵團

- 參考作法整形

- 90 ~ 120分鐘
  溫度25 ~ 26°C
  濕度75%

- 篩純糖粉
  上下火180°C
  烤15 ~ 20分鐘
- 參考作法裝飾

作法 METHOD

1 VI 整形：取 60g 中間發酵完成的麵團，退冰至 16 ~ 18°C 再開始整形。桌面撒高筋麵粉防止沾黏，麵團輕拍排氣，包入香草奶酥餡 40g，收整成圓形。放入模具輕壓數下，擠杏仁奶油醬 10g，撒生的杏仁酥菠蘿 10g，壓入栗子。

2 VII 最後發酵：發酵 90 ~ 120 分鐘，溫度 25 ~ 26°C / 濕度 75%，發酵至 7 分滿。

3 VIII 烘烤裝飾：篩純糖粉，送入預熱好的烤箱，以上下火 180°C，烤 15 ~ 20 分鐘。出爐放涼脫模，擠花袋套花嘴 SN7121，裝入榛果奶油醬擠約 15g，放上新鮮香草莢、烤熟杏仁片，篩防潮糖粉完成～

Bread
19

芝麻奶酥布里歐

材料 INGREDIENTS

份量：一模 1 顆（麵團 60g，芝麻奶酥餡 40g）直徑 10 公分矽膠模（高 3.5 公分）

材料	公克
維也納麵團	1 份（P.50 ~ 53）
芝麻奶酥餡（P.227）	40
杏仁奶油醬（P.229）	10
生杏仁片	適量
純糖粉	適量
榛果乳酪醬（P.229）	15
熟榛果碎	適量
食用金箔	適量
試管威士忌	適量

製作工序 OUTLINE

- 使用P.53中間發酵完成之麵團

- 參考作法整形

- 90 ~ 120分鐘
  溫度25 ~ 26°C
  濕度75%

- 篩純糖粉
  上下火180°C
  烤15 ~ 20分鐘
- 參考作法裝飾

作法 METHOD

1　VI 整形：取 60g 中間發酵完成的麵團，退冰至 16 ~ 18°C 再開始整形。桌面撒高筋麵粉防止沾黏，麵團輕拍排氣，包入芝麻奶酥餡 40g，收整成圓形。放入模具輕壓數下，擠杏仁奶油醬 10g，撒生杏仁片。

2　VII 最後發酵：發酵 90 ~ 120 分鐘，溫度 25 ~ 26°C / 濕度 75%，發酵至 7 分滿。

3　VIII 烘烤裝飾：篩純糖粉，送入預熱好的烤箱，以上下火 180°C，烤 15 ~ 20 分鐘。出爐放涼脫模，擠花袋套花嘴 SN7091，裝入榛果乳酪醬擠約 15g，點綴熟榛果碎、金箔、試管威士忌。

芋頭布里歐

材料 INGREDIENTS

份量：一模 1 顆
（麵團 60g，芋頭餡 40g）
直徑 10 公分矽膠模（高 3.5 公分）

材料	公克
維也納麵團	1 份（P.50 ~ 53）
芋頭餡	40
杏仁奶油醬（P.229）	10
花生酥菠蘿（P.227）	適量
純糖粉	適量
榛果奶油醬（P.228）	15
防潮糖粉	適量

製作工序 OUTLINE

- 使用P.53中間發酵完成之麵團
- 參考作法整形
- 90～120分鐘
  溫度25～26°C
  濕度75%
- 篩純糖粉
  上下火180°C
  烤15～20分鐘
- 參考作法裝飾

作法 METHOD

1 VI 整形：取 60g 中間發酵完成的麵團，退冰至 16 ～ 18°C 再開始整形。桌面撒高筋麵粉防止沾黏，麵團輕拍排氣，包入芋頭餡 40g，收整成圓形。放入模具輕壓數下，擠杏仁奶油醬 10g，撒生的花生酥菠蘿。

2 VII 最後發酵：發酵 90 ～ 120 分鐘，溫度 25 ～ 26°C / 濕度 75%，發酵至 7 分滿。

3 VIII 烘烤裝飾：篩純糖粉，送入預熱好的烤箱，以上下火 180°C，烤 15 ～ 20 分鐘。出爐放涼脫模，擠花袋套花嘴 SN7091，裝入榛果奶油醬擠約 15g，篩防潮糖粉完成～

Special Gift!

耗時 24 小時的義大利國寶麵包

——「潘娜朵尼」

材料 INGREDIENTS

份量：圓形紙模（直徑 17、高 8 公分）可做 5 ～ 6 顆

酒釀水果乾材料	公克
葡萄乾	100
蔓越莓乾	100
蜜漬橘皮丁	100
蘭姆酒	40

其他	公克
馬卡龍麵糊（P.231）	40g/1 顆
生杏仁片	適量
純糖粉	適量

處理 METHOD

1. 鋼盆放入所有材料拌均，用保鮮膜封起。
2. 置於室溫（約 25 ～ 26°C）靜置熟成 2 ～ 3 天，放到所有果乾軟化即可。
3. 冷藏保存可使用 1 個月。

麵團材料	百分比	公克
高筋麵粉	100	1000
二砂糖	16	160
鹽	2	20
新鮮香草莢	無	2 條
蛋黃	25	250
雞蛋	10	100
鮮奶	40	400
動物性鮮奶油	5	50
貝禮詩奶酒	3	30
即發乾酵母	1.5	15
無鹽奶油	40	400
酒釀水果乾	35	350
水滴型苦甜巧克力	20	200
麵團總重		2975

POINT 新鮮香草莢不一定每支形狀都一樣，可以先用刀背把整個形狀順一下，橫向剖開，用刀子剔出香草籽使用。

潘娜朵尼

製作工序 OUTLINE

- 低速3～5分，中速5～7分
- 下果乾、巧克力低速2～3
- 麵團完成溫度22～23°C

II
基本發酵

- 收整成圓形
- 60分鐘
  溫度25～26°C
  濕度75%

- 550g，收整成圓形

- 4～6°C冷藏至隔夜
  冷藏14～18小時

- 收整成圓形，放入圓形模具中

- 3～4小時
  溫度25～26°C
  濕度75%

- 擠馬卡龍麵糊40g
  抹開，撒生杏仁片
  篩純糖粉

- 上下火170°C
  烤35～40分鐘

作法 METHOD

1 I 攪拌：全部材料放入攪拌缸（除了酒釀水果乾、水滴型苦甜巧克力），低速用勾狀攪拌器攪拌 3 ～ 5 分鐘，讓材料大致混勻。

2 轉中速攪拌 5 ～ 7 分鐘，拌至材料均勻、呈完全擴展狀態，麵團可拉出薄透的膜。

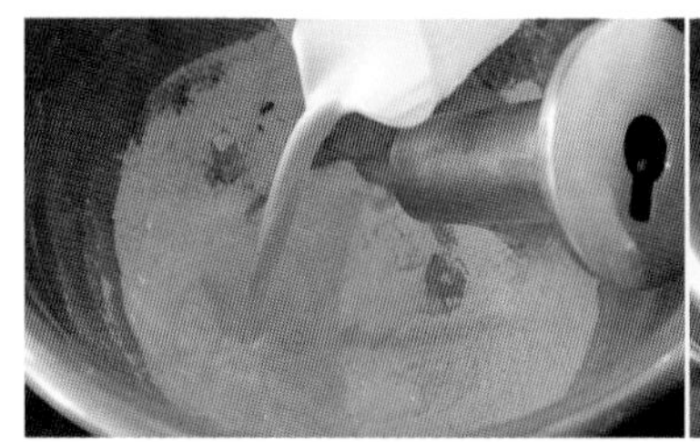

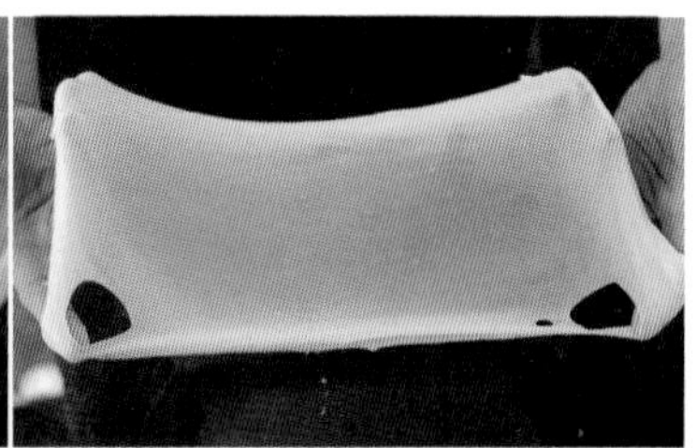

3　用軟刮板把缸壁整理乾淨，加入酒釀水果乾、水滴型苦甜巧克力，低速攪打 2 ～ 3 分鐘，攪打至材料均勻散落於麵團即可，麵團完成溫度為 22 ～ 23°C。

POINT｜打出來麵團溫度若超過 24°C，麵團就會太軟，會瀕臨出油，理想溫度要控制在 22 ～ 23°C。

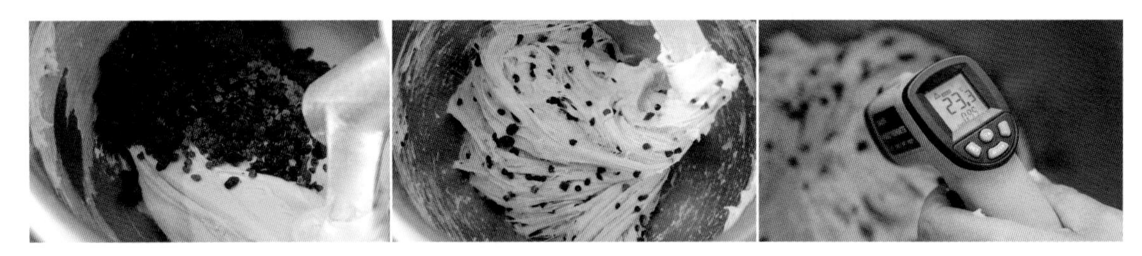

4　II 基本發酵：用軟刮板把缸壁整理乾淨。烤盤噴少許烤盤油（防止沾黏），放上麵團，將麵團四面朝中心收摺，整顆翻面，收整成橢圓形。

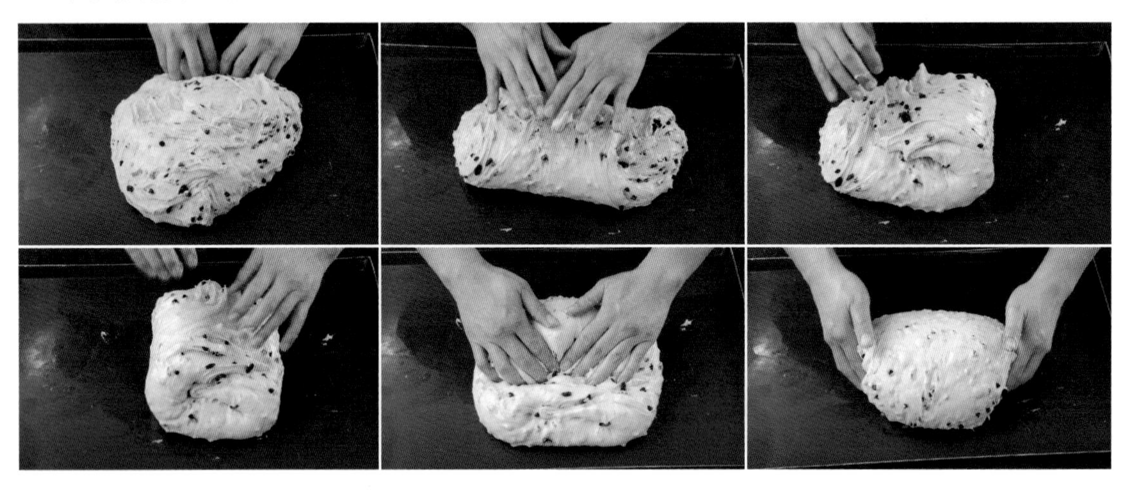

5　麵團再噴少許烤盤油，蓋上一塊布（或袋子），發酵 60 分鐘，溫度 25 ～ 26°C，濕度 75%。

POINT｜發酵溫度不可超過 27°C，太高奶油會有融化的跡象，麵團會出油。

6　III 分割：桌面噴適量烤盤油（防止沾黏），切麵刀從發酵好的麵團底部鏟入，移至桌面，分割 550g，分割若隨意亂切會破壞麵筋，可以依照「井字型」切一塊秤一塊，盡可能在 1 ～ 2 刀內達到所需重量。

7　這款麵包比較軟，收整成圓形時需要用刮板輔助。一手拿著用刮板，另一手扶住麵團，刮板從底部側面鏟入，另一手順勢前推。

POINT　這樣做是因為不想撒麵粉，撒麵粉雖然可以防止沾黏，但隔天發酵完麵團會比較乾，用這個手法整形既不用抹油也不用撒粉，比較不會影響麵團質地。

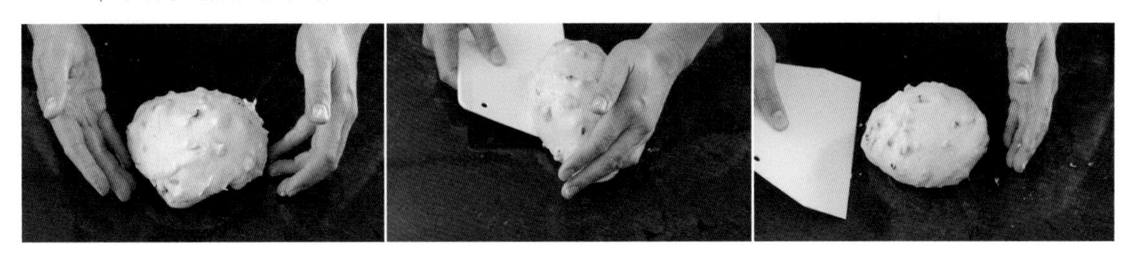

8　**IV 中間發酵**：不沾烤盤噴適量烤盤油，將麵團間距相等擺入，用袋子蓋起妥善包覆四邊，4 ~ 6°C 冷藏至隔夜，冷藏 14 ~ 18 小時。

9　**V 整形**：中間發酵完成的麵團，退冰至 16 ~ 18°C 再開始整形。桌面撒高筋麵粉防止沾黏，將麵團再次收整成圓形，這款做出來必須很圓，不然發完高度會往下掉。

POINT　退冰要用探針測量麵團中心溫度，若只測表面溫度，表面 16°C，中心可能只有 6 ~ 10°C，太硬的麵團會影響操作性。整形時動作要快，盡可能在 16 ~ 18°C 內操作完畢，溫度太高真的會很難做，麵團會變得太軟太黏，做完的皮也會不好看破破爛爛的。

10　**VI 最後發酵**：發酵 3 ~ 4 小時，溫度 25 ~ 26°C/ 濕度 75%，發酵至 8 ~ 9 分滿。

11　**VII 裝飾**：擠馬卡龍麵糊 40g 輕輕抹開，撒生杏仁片，篩純糖粉。

POINT　擠之前不可以噴水或抹蛋液，做了馬卡龍麵糊會抹不上去，因為已經發了三四個小時，要很輕柔地操作，馬卡龍麵糊比較稠，直接抹會抹不開。

12　**VIII 烘烤**：送入預熱好的烤箱，以上下火 170°C，烤 35 ~ 40 分鐘。

Chapter
·
2

Dessert
甜點

TOPIC
04
Gâteaux de voyage
旅人蛋糕

STORY • 邊境故事館：旅人蛋糕篇

旅人蛋糕是法文直譯 gâteaux de voyage，在英國又稱作磅蛋糕 pound cake[1]，或是有坊間稱作是「長假蛋糕」longues vacances。然而，旅人蛋糕最早來自英國，顧名思義便是可以攜帶很遠的距離、旅行。因為它的多重特性：多糖、重奶油、蛋糕體較為紮實、營養價值很高（內含有很多種類的果乾），所以能在旅行過程中快速地補充熱量又能在常溫中長時間保存。在常溫類別的蛋糕品項中幾乎是每間甜點店必備產品，口味變化多端，而且又能大量事先準備。許多店家會先將蛋糕烘焙烤熟後先冷凍保存，等到販售前再從冷凍庫取出，進行表面裝飾即可閃亮登場。

我的旅人蛋糕初體驗是在臺灣學習甜點的時候發生的。令人咋舌的奶油量是我印象最深刻的部分，然後是糖，大量的糖。再來是製作中難度很高的「乳化[2]」過程。據說，在冬天時製作，或使用冷藏雞蛋常常會「乳化失敗」，而這樣的場面屢屢發生在廚房新手身上。配方內容不複雜，但是追求很適當的環境與操作方式，讓我對法式甜點猶如操作科學實驗般的嚴謹，打下了很深的基礎與認識。「不經一番寒徹骨、焉得梅花撲鼻香」的旅人蛋糕，在出爐後會用完美無瑕的姿態回應甜點師傅。

稍微等待冷卻後，為了保持蛋糕的濕潤與內部的馥郁香氣，師傅們會在蛋糕的外層塗上或淋上厚厚的酒糖水，這個法式技法我稱作「灌醉」（法文：imbiber）。接著，再將蛋糕以保鮮膜完整地包覆放到冷藏或冷凍進行熟成。翌日，取出蛋糕時那漂亮又誘人的香氣與口感，絕對會讓許多喜愛甜點的朋友印象深刻。

輾轉在 2010 年來到法國學習甜點時，正當跨入常溫甜點的前幾樣產品，我們終於也來到了「旅人蛋糕」，在開始製作之前，法國主廚將大家集合到講桌前說「我們今天要做的是 Cake」，主廚語帶輕挑與不屑，沈默數秒後才解釋道：就是法國的旅人蛋糕啦。此時，還要用流利優美的法文糾正了一下我們的發音，好像光是講 gâteaux de voyage 的同時就已經會做這款蛋糕了。

接觸這款蛋糕製作時正巧時值冬季，學校在高海拔的奧弗涅 Auvergne 山區，

外面飄著大雪，當然教室內的溫度也高不到哪裡去（當時我們都穿著厚外套做甜點）。製作旅人蛋糕的乳化部分時，眼看攪拌機已經攪拌了十分鐘，但仍遲遲看不到雞蛋與奶油乳化的跡象，主廚這時候走到我身後，輕聲問了我一句：「你知道為什麼嗎？」「是因為太冷嗎？」我回答。「還不趕快給他溫暖抱著他？」主廚說。我半信半疑，瞪大了眼開始緩緩地擁抱著我的攪拌缸。主廚看著我這樣做，翻了一個超大白眼，立刻從工具區拿了一個噴燈給我，示意要我用這個加熱，這時候我才真的了解了「擁抱攪拌缸」的概念。這種讓人啼笑皆非的場面陸陸續續發生了很多次，全都是因為我那時還不懂食材應用原理。

於是，課程中我們除了學習如何製作，了解配方中的食材如何按照步驟順序加入與融合，也要理解各項食材在配方中代表的功能，比方像是奶油在蛋糕烘焙後會創造怎樣的口感？糖如果多了或少了會造成什麼樣子的影響？奶油在什麼溫度下會開始軟化？什麼溫度時會開始融化成為液態？唯有理解了這些食材原理，在製作旅人蛋糕的過程中才能在茫茫食譜海中找到明燈，找到製作甜點不失敗的真理。這是我在製作旅人蛋糕的過程中學會的第一課。

注[1] 磅蛋糕的悠久淵源可以追朔至 18 世紀初，據說出自於英國的磅蛋糕配方最早被發現在漢娜．葛拉絲 Hannah Glasse 出版的「烹飪的藝術」Art of Cookery（1747 年出版）的配方書中，配方中所記載的四大主原料：麵粉、奶油、糖與雞蛋，每一份材料的量剛剛好都是一磅（454g）。因此讓配方非常容易被記住，進而使得磅蛋糕在當時備受青睞與運用。

注[2] 乳化作用（英：Emulsification），指兩種原本互不相容的液體（例如水與油脂）經過攪拌、均質攪打或添加乳化劑（英：Emulsifier）或界面活性劑後，其中一種溶液以極微粒的狀態均勻分佈在另一種溶液當中，相互混合成質地均勻的狀態。

這系列旅行者蛋糕是以軟化奶油加入糖粉的「糖油法」製作而成，乳化過程尤為重要。如果乳化不完全，蛋糕在烘烤過程中會將奶油大量排出造成蛋糕組織過於乾燥、縮小與扎實。乳化的狀態一定要掌握得宜。最後，加入的新鮮水果或者是酒漬果乾一定要盡可能不要讓水分釋出影響麵糊質地。

Dessert

22

濃郁抹茶柚子旅人蛋糕

Cake au thé vert et yuzu

當進入「接地氣」與在地食材結合的步驟，我第一個想到的就是花蓮瑞穗的綠茶粉與當地的水果名產——文旦柚子。嘗試了數次之後，對於綠茶粉的表現我很滿意，色澤上雖然不像日式抹茶一般青綠香氣強烈，但是香氣與抹茶並駕齊驅，唯獨在文旦柚子氣味上不夠鮮明，因此仍然採用了日本的糖漬柚子丁。一試之後，非常滿意！

臺灣綠茶粉與日本抹茶粉最大的差別在於製作程序。臺灣綠茶在採收之後不會經過發酵，會直接進行殺菁動作，而進行殺菁的過程中，臺灣製茶廠多採用「烘炒」的技法，因為高溫烘炒造成了青草色轉褐色，因此茶粉多為綠色偏褐色。而日本製茶過程多用「蒸菁」，因為溫度較低所以能保留綠茶色，保留的營養價值也較高。除此，臺灣綠茶的研磨方式多為刀片研磨，其中產生的高溫讓茶褐色再次加深，而日本研磨茶葉採用「石磨」方式低溫慢磨，更加保留了茶葉的翠綠色澤。

材料 INGREDIENTS

份量：5個磅蛋糕模（長13.5×寬5×高6.5公分）

	磅蛋糕麵糊	公克
A	無鹽奶油（軟化）	165
B	糖粉（過篩）	165
C	全蛋液（室溫）	128
D	低筋麵粉（過篩）	202
	泡打粉（過篩）	4.8
	抹茶粉（A）過篩	15
E	抹茶粉（B）	1
	溫水	18
	抹茶酒	18
F	糖漬柚子皮丁	110
	總量	826.8

抹茶酒糖漿	公克
細砂糖	32.5
水	45
抹茶粉（C）	1
抹茶利口酒	2.5
總量	81

表面裝飾	公克
白巧克力淋醬	適量
糖漬柚子丁	適量
食用金箔	適量
銀粉	適量

POINT

蛋糕熟成冷凍後，抓住底部正面沾上白巧克力淋醬，凝固後刷銀粉，放糖漬柚子丁、金箔裝飾。

白巧克力淋醬製作：比例為白巧克力10：葡萄籽油1，以微波爐加熱融化攪勻成淋醬面，溫度達31°C時使用。

磅蛋糕麵糊黃底標示的是「口味變化」食材。觀察其他磅蛋糕配方，會發現基礎框架是一樣的，差異體現於配料的挑選，再根據各項材料特性微調用量。

作法 METHOD

1 **前置**：建議奶油退冰 1 小時再操作，如果把奶油切小丁再打，操作時容易打發。製作前先裁剪烤焙紙，鋪滿磅蛋糕模。

2 **麵糊**：軟化無鹽奶油以槳狀攪拌器拌散、打軟。加入過篩糖粉，低速拌勻。

3 加入 1/2 的常溫全蛋液，以中低速攪拌直乳化均勻（見 P.83 乳化說明）。

POINT

雞蛋的蛋黃就是最好的介面活性劑，水與油是不相容的，蛋黃中有卵磷脂，可以把水與油抓住，體現出的狀態就是乳化均勻。

如果太急，看到油水分離就很緊張，在還沒乳化均勻時把粉加入了，最後烤出來的蛋糕就會在旁邊滲油，很像在「炸」蛋糕（油脂過多）。這是因為當雞蛋還沒有完全把水、油脂結合，拌合程度不足，油脂沒有充分與材料融合，烘烤時食材就會單獨分離，蛋糕才會滲油。

4 加入 1/2 材料 D 粉類，慢速攪拌均勻。加入剩下的全蛋液，中低速拌勻，確認完全乳化。

5 加入剩餘的材料 D 粉類，低速拌勻。加入拌勻的材料 E 液體，再次拌勻。

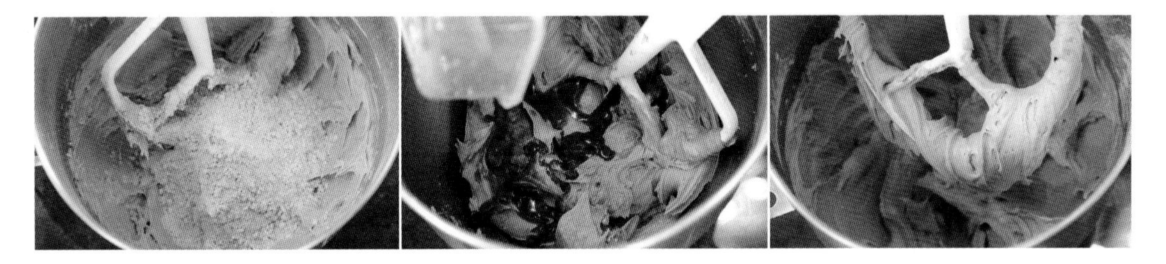

6 加入材料 F 果乾，以手持橡皮刮刀稍作拌勻即可（切勿過度攪拌將水分榨出）。

POINT｜加入果乾的這個動作，有些配方是使用酒浸泡果乾，拌合前再擠乾水分，但水分不可能完全擠乾，弄不好會導致油水分離，這款我們使用的是糖漬果乾，比較不容易失敗。

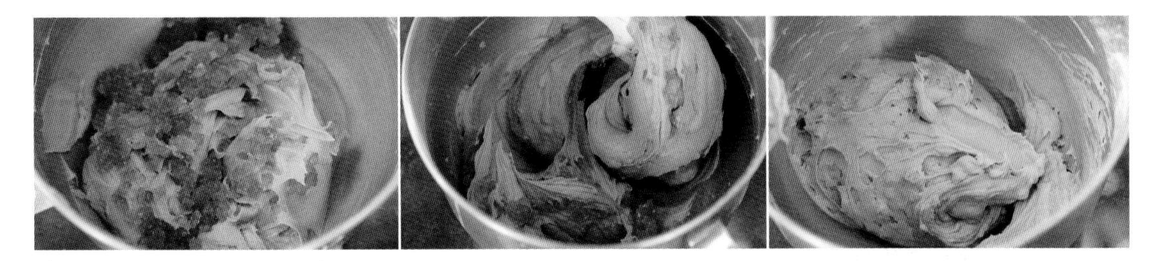

7 麵糊裝入擠花袋，擠在鋪上烤焙紙的磅蛋糕模中，每模 160g，放入冷凍庫稍作冰鎮約 10 分鐘。

8 烘烤：炫風烤箱以 175°C 烤 8 分鐘，以小刀在結皮的麵糊中間劃破一痕，再以 170°C 烤 18~20 分，直到以小刀深刺中心沒有沾麵糊即可出爐。

POINT｜旅行者蛋糕的中央裂痕是透過烘烤過程中以小刀割劃產生，務必等表面結皮時才能進行割劃。

9 出爐後捏著烤焙紙，將蛋糕取出模具，把紙撕下，熱熱的撕比較不傷蛋糕表面。

10 刷酒糖漿：待蛋糕完全放涼後，刷上煮至 50°C 溫熱的酒糖漿，靜置到蛋糕將糖酒水完全吸收，此時再以保鮮膜包覆，放入冷藏熟成一晚，或放到冷凍可長期保存約一個月。

POINT｜酒糖漿是一層給旅行者蛋糕的人造糖衣。「旅行者蛋糕」是一款在常溫中會被攜帶比較遠的距離的蛋糕，沒有糖漿，水分會不斷喪失，上糖漿就是為了保護它不會在長途過程中流失水分。有些店家會在表面塗一層鏡面果膠，鏡面果膠更能夠避免水氣散失。

在「邊境」，橙檸旅人是店內最暢銷最經典資深的一款旅人蛋糕。Jason 最早接觸的旅人蛋糕也是這款：以檸檬柳橙為基底風味的經典組合。製作過程中，蛋糕麵糊透過柑橘風味濃郁的血橙果泥入味，最後添入糖漬橘子與檸檬皮丁提升口感層次。蛋糕出爐冷卻後，淋上約攝氏 50 度的酒糖液：干邑橙酒 (Grand marnier)、血橙果泥與 30 度波美糖水，或直接將蛋糕整個放入酒糖水中浸泡數秒。

橙檸旅人的配方經過無數次改良，讓整體的膨脹、蛋糕組織與香氣達到完美平衡。當天享用與隔日品嚐會有很不一樣的感受與口感，個人建議放在冰箱中熟成一晚再享用，達到質地一致（法：homogène）會有更意想不到的驚喜。

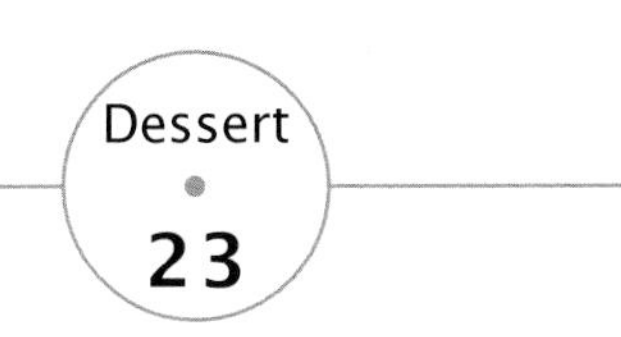

檸檬橙香旅人蛋糕

Cake au citron et à l'orange

材料 INGREDIENTS

5 個磅蛋糕模（長 13.5 × 寬 5 × 高 6.5 公分）

	磅蛋糕麵糊	公克
A	無鹽奶油（軟化）	165
B	糖粉（過篩）	165
C	全蛋液（室溫）	128
D	低筋麵粉（過篩）	202
	泡打粉（過篩）	4.8
E	紅橙果泥	37
	橙皮絲	1.8
F	糖漬檸檬皮丁	55
	糖漬橘皮丁	55
	總量	813.6

POINT 磅蛋糕麵糊黃底標示的是「口味變化」食材。觀察其他磅蛋糕配方，會發現基礎框架是一樣的，差異體現於配料的挑選，再根據各項材料特性微調用量。

橙香酒糖漿	公克
30 度波美糖水	53
紅橙果泥	20
干邑橙酒	2.5
總量	75.5

表面裝飾	公克
鏡面果膠	適量
糖漬柳橙丁	適量
糖漬檸檬片	適量
金箔	少許

作法 METHOD

1. **麵糊**：參考 P.86 作法 1 ~ 4 完成，作法與操作的質地狀態是一致的，僅有材料 D 少一種口味粉類。

2. 加入剩餘的材料 D 粉類，低速拌勻。加入材料 E 口味食材，再次拌勻。

3. 加入材料 F，以手持橡皮刮刀稍作拌勻即可（切勿過度攪拌將水分榨出）。

   POINT 加入果乾的這個動作，有些配方是使用酒浸泡果乾，拌合前再擠乾水分，但水分不可能完全擠乾，弄不好會導致油水分離，這款我們使用的是糖漬果乾，比較不容易失敗。

4. 參考 P.87 作法 7 ~ 8 完成麵糊裝袋 → 入模 → 冰鎮 → 烘烤之動作。

5. 出爐後捏著烤焙紙，將蛋糕取出模具，把紙撕下，熱熱的撕比較不傷蛋糕表面。

6. **刷酒糖漿**：待蛋糕完全放涼後，刷上煮至 50°C 溫熱的酒糖漿，靜置到蛋糕將糖酒水完全吸收，此時再以保鮮膜包覆，放入冷藏熟成一晚，或放到冷凍可長期保存約一個月。

   POINT 酒糖漿是一層給旅行者蛋糕的人造糖衣。「旅行者蛋糕」是一款在常溫中會被攜帶比較遠的距離的蛋糕，沒有糖漿，水分會不斷喪失，上糖漿就是為了保護它不會在長途過程中流失水分。有些店家會在表面塗一層鏡面果膠，鏡面果膠更能夠避免水氣散失。

7. **裝飾**：表面刷上一層鏡面果膠，點綴糖漬檸檬片、糖漬柳橙丁、金箔。

臺灣最家喻戶曉的紅茶莫過於「紅玉（臺茶十八號）[1]」了。跳脫歐系濃烈奔放的伯爵茶，我將紅玉茶的精髓灌注到以「茶」為主體的旅人蛋糕配方中，擔心蛋糕風味過於單調，再融入柑橘風味的柳橙入味（但也僅僅只是加入了柳橙皮絲），讓整體更有層次。在紅玉的天然肉桂香與淡淡薄荷香氣中醞釀旅人蛋糕特有的臺灣氣質。這款配方同樣也適用於其他的臺灣茶或各種地區的茶，只要取代原本的茶粉與茶湯的部分，便可以用旅人蛋糕作為載體，呈現各種茶香特色。

注[1] 臺茶十八號：俗稱「紅玉」No.18 Taiwan tea RUBY，早期為臺灣茶業改良場魚池分場以極具特色的緬甸大葉種紅茶為母株與臺灣原生種茶配種而產出的完美結晶，屬臺灣特有種。紅玉茶湯鮮紅清澈、滋味甘醇，具有天然肉桂香氣與淡淡的薄荷香。甫培育出產的紅茶曾經震驚當時的世界紅茶專家，把此香氣讚譽為「臺灣香」，更一舉登上世界頂級紅茶的行列中。因為此茶有亮紅茶色，因此被稱為「紅玉」紅茶。

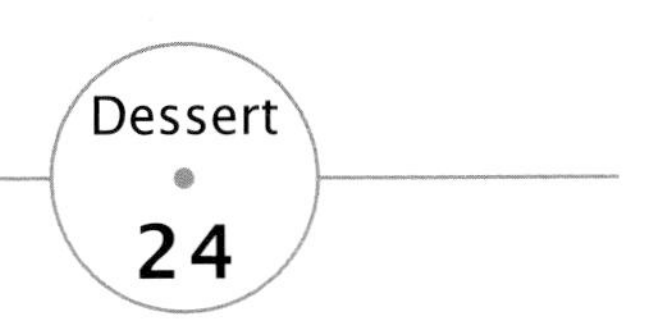

橙香紅玉茶旅人蛋糕

Cake au thé noir "Ruby Black Tea"

材料 INGREDIENTS

5 個磅蛋糕模（長 13.5× 寬 5× 高 6.5 公分）

	磅蛋糕麵糊	公克
A	無鹽奶油（軟化）	165
B	糖粉（過篩）	165
C	全蛋液（室溫）	128
D	低筋麵粉（過篩）	202
	泡打粉（過篩）	4.8
	紅玉紅茶粉（A）	7
E	紅玉紅茶粉（B）	0.9
	溫水	35
	橙皮絲	0.7
	紅茶碎葉	3
F	糖漬橘皮丁	110
	總量	821.4

POINT 磅蛋糕麵糊黃底標示的是「口味變化」食材。觀察其他磅蛋糕配方，會發現基礎框架是一樣的，差異體現於配料的挑選，再根據各項材料特性微調用量。

紅茶酒糖漿	公克
30 度波美糖水	40
水	40
紅玉紅茶粉	1
總量	81

表面裝飾	公克
鏡面果膠	適量
紅茶粉	適量
榛果蛋白霜餅（P.185）	適量

作法 METHOD

1 **麵糊**：參考 P.86 作法 1 ~ 4 完成，作法與操作的質地狀態是一致的，僅有材料 D 中風味粉類替換。

2 加入剩餘的材料 D 粉類，低速拌勻。加入拌勻的材料 E 口味食材，再次拌勻。

3 加入材料 F，以手持橡皮刮刀稍作拌勻即可(切勿過度攪拌將水分榨出)。

POINT 加入果乾的這個動作，有些配方是使用酒浸泡果乾，拌合前再擠乾水分，但水分不可能完全擠乾，弄不好會導致油水分離，這款我們使用的是糖漬果乾，比較不容易失敗。

4 參考 P.87 作法 7 ~ 8 完成麵糊裝袋 → 入模 → 冰鎮 → 烘烤之動作。

5 出爐後捏著烤焙紙，將蛋糕取出模具，把紙撕下，熱熱的撕比較不傷蛋糕表面。

6 **刷酒糖漿**：待蛋糕完全放涼後，刷上煮至 50°C 溫熱的酒糖漿，靜置到蛋糕將糖酒水完全吸收，此時再以保鮮膜包覆，放入冷藏熟成一晚，或放到冷凍可長期保存約一個月。

POINT 酒糖漿是一層給旅行者蛋糕的人造糖衣。「旅行者蛋糕」是一款在常溫中會被攜帶比較遠的距離的蛋糕，沒有糖漿，水分會不斷喪失，上糖漿就是為了保護它不會在長途過程中流失水分。有些店家會在表面塗一層鏡面果膠，鏡面果膠更能夠避免水氣散失。

7 **裝飾**：表面刷上一層鏡面果膠，篩紅茶粉，點綴榛果蛋白霜餅。

Dessert

25

蘋果肉桂旅人蛋糕

Cake aux pommes et à la cannelle

依稀記得最初接觸到這款蛋糕是在里昂 Lyon 的實習甜點店 Bruno Saladino，同事 David 很嫻熟地將「加拉 Gala 蘋果」切成丁狀，接著運用基礎的旅人蛋糕技法做出基底麵糊後，將大量的蘋果白蘭地酒 Cavados 加入到麵糊中，最後將所有蘋果丁丟入輕輕拌合，就完成了這款蘋果旅人蛋糕了。製作完成後，我發現這款蛋糕麵糊意外地相當濕軟而且流性較強，可能是因為蘋果與酒的關係，烘烤出來的質地也比較柔軟蓬鬆，為了更多的風味變化，我稍微修改了這款蛋糕配方，加入少許肉桂粉整體更有層次，也在色澤上增添些許變化。

材料 INGREDIENTS

份量：5 個磅蛋糕模（長 13.5 × 寬 5 × 高 6.5 公分）

	磅蛋糕麵糊	公克
A	無鹽奶油（軟化）	165
B	糖粉（過篩）	165
C	全蛋液（室溫）	165
D	低筋麵粉（過篩）	165
	泡打粉（過篩）	7.3
	肉桂粉（tx0.005）	4.8
E	蘋果白蘭地 Calvados	3.7
F	烘乾蘋果丁	80
	總量	755.8

表面裝飾	公克
鏡面果膠	適量
防潮糖粉	適量
烘乾蘋果丁	適量

◀ POINT｜磅蛋糕麵糊黃底標示的是「口味變化」食材。觀察其他磅蛋糕配方，會發現基礎框架是一樣的，差異體現於配料的挑選，再根據各項材料特性微調用量。

作法 METHOD

1 **麵糊**：參考 P.86 作法 1 ～ 4 完成，作法與操作的質地狀態是一致的，僅有材料 D 中風味粉類替換。

2 加入剩餘的材料 D 粉類，低速拌勻。加入材料 E 白蘭地，再次拌勻。

3 加入材料 F 烘乾蘋果丁，以手持橡皮刮刀稍作拌勻即可（切勿過度攪拌將水分榨出）。

POINT｜加入果乾的這個動作，有些配方是使用酒浸泡果乾，拌合前再擠乾水分，但水分不可能完全擠乾，弄不好會導致油水分離，這款我們使用的是烘乾的水果丁，比較不容易失敗。

4 參考 P.87 作法 7 ～ 8 完成麵糊裝袋 → 入模（每模 140g）→ 冰鎮 → 烘烤之動作。

5 出爐後捏著烤焙紙，將蛋糕取出模具 ，把紙撕下，熱熱的撕比較不傷蛋糕表面。冷卻後，以保鮮膜緊貼包覆，放在冷凍庫一晚熟成。

POINT｜由於此款磅蛋糕水分含量較高，麵糊量太多烘烤時，容易溢出烤模，因此入模的量要稍作調整。

6 **裝飾**：冷凍取出後，在表面刷上一層鏡面果膠，篩防潮糖粉，點綴烘乾蘋果丁。

POINT｜由於新鮮蘋果水分含量高，因此可將蘋果切成 1 公分正方形塊，以 70°C 烘乾一小時，拌入麵糊時不會油水分離、烘烤時也不容易出水。

由於此款磅蛋糕水分含量較高，因此出爐時不需另外刷酒糖漿。

Dessert

26

巧克力堅果香蕉旅人蛋糕

Cake au chocolat, à la banane et aux fruits secs

單純「運用桌上型調理機」製作而成的旅人蛋糕可能是相當罕見的製作方式，同時也是我很想跟大家分享的製作方法（跳過了「乳化」這個魔王級關卡）。這款在法國邊境小城安娜瑪斯 Annemasse 甜點店 Lesage 的巧克力堅果旅人，是我遇見最特別的一款旅人蛋糕。濃郁的巧克力香氣與堅果香渾然天成，不單只是他的製程簡單易上手，以及使用了大量的杏仁膏（德：marzipan）。配方中除了可可粉外還有調溫黑巧克力強化巧克力風味。取代糖漬水果，運用大量不同的堅果營造口感層次，最後我加入了香蕉丁襯托巧克力風味，是我吃過巧克力旅人中最令人驚艷的一款配方。

材料 INGREDIENTS

份量：5 個磅蛋糕模（長 13.5× 寬 5× 高 6.5 公分）

	磅蛋糕麵糊	公克
A	60% 杏仁膏	91
B	細砂糖	107
C	全蛋液（室溫）	129
	鮮奶	13
D	低筋麵粉（過篩）	116
	泡打粉（過篩）	2.8
	可可粉（過篩）	27
E	無鹽奶油	116
	70% 黑巧克力	48
F	烤榛果	36
	烤松子	20
	整顆開心果（不烤）	18
	熟香蕉（細）切丁	97
	總量	820.8

巧克力酒糖漿	公克
30 度波美糖水	60
水	12
黑可可利口酒	15
總量	87

表面裝飾	公克
鏡面果膠	適量
糖漬橘皮丁	適量
榛果碎	適量
開心果	適量
食用金箔	適量

POINT 香蕉可以選擇那種熟到外皮黑掉的香蕉，那樣子的香蕉風味最濃郁，是拿來做甜點最棒的狀態。

作法 METHOD

1 前置：製作前先裁剪烤焙紙，鋪滿磅蛋糕模。

2 麵糊：桌上型調理機放入 60% 杏仁膏，中低速打碎，打成米粒狀。

3 加入細砂糖，繼續以調理機攪打，打至細砂糖均勻分布於杏仁膏中，此階段細砂糖不會融化。

4 加入材料 C 的全蛋與鮮奶，低速攪拌至材料不噴濺，再轉中速攪拌至麵糊均勻，看不見液體。

POINT｜以調理機製作蛋糕麵糊有非常棒的乳化效果，倘若換成鋼盆、攪拌缸操作，也是打到乳化即可。

5 加入混合過篩的低筋麵粉、泡打粉、可可粉，快速打至看不見明顯粉粒。

6 另外將無鹽奶油微波加熱融化，在奶油尚有溫度時，丟入 70% 黑巧克力靜置一下，讓奶油溫度到達巧克力中心溶點，再把兩者拌勻溶化，調整溫度在 35 ~ 40°C 左右，沖入作法 5 拌勻。

7 將烤榛果、烤松子、開心果切碎，熟香蕉切碎。先將麵糊取出，放入攪拌鋼盆中。再加入三種乾果拌勻，再加入香蕉碎拌勻，注意切勿過度攪拌將香蕉中的水分榨出。

8 將麵糊裝入擠花袋，擠在鋪上烤焙紙的磅蛋糕模中，每模約160g，放入冷凍庫冰鎮約10分鐘。

9 <u>烘烤</u>：炫風烤箱以175°C烤8分鐘，以小刀在結皮的麵糊中間劃破一痕，再以170°C烤18～20分，直到以小刀深刺中心沒有沾麵糊即可出爐。

POINT｜旅行者蛋糕的中央裂痕是透過烘烤過程中以小刀割劃產生，一定要等表面結皮時才能進行割劃。

10 出爐後捏著烤焙紙，將蛋糕取出模具，把紙撕下，熱熱的撕比較不傷蛋糕表面。

11 <u>刷酒糖漿</u>：待蛋糕完全放涼後，刷上煮至50°C溫熱的酒糖漿，靜置到蛋糕將糖酒水完全吸收，此時再以保鮮膜包覆，放入冷藏熟成一晚，或放到冷凍可長期保存約一個月。

POINT｜酒糖漿是一層給旅行者蛋糕的人造糖衣。「旅行者蛋糕」是一款在常溫中會被攜帶比較遠的距離的蛋糕，沒有糖漿，水分會不斷喪失，上糖漿就是為了保護它不會在長途過程中流失水分。有些店家會在表面塗一層鏡面果膠，鏡面果膠更能夠避免水氣散失。

12 販售或食用前，刷上鏡面果膠，點綴裝飾材料，完成。

TOPIC
•
05

Madeleine
瑪德蓮

STORY・邊境故事館・瑪德蓮篇

法國文豪普魯斯特（Marcel Proust）的名作《追憶似水年華》（À la recherche du temps perdu）中曾有這麼一幕：男主角喝著茶，將一塊小蛋糕浸到茶裡，突然一種香氣將他帶回那一段在孔布賴（Combray）[1] 的童年時光。

作者普魯斯特花了整整四頁的篇幅來描述心裡的感觸。以洗鍊與內斂的文字描述主人公如何觀察與洞察自己在當下的感覺。在一個寒冷的冬日，男主角心情低落地返回家中。母親嫻熟地幫他煮了一壺熱茶，並附上一塊名為「瑪德蓮」（petite madeleine）的扇貝形小海綿蛋糕作為佐茶點。文中這樣描述：

> 「一整天的陰沉。想到明天也會一樣低氣壓，讓人實在提不起勁。我呆呆地舀起一匙剛才浸過瑪德蓮的熱茶到唇邊。溫熱且摻著蛋糕碎屑的茶水一沾染我的上顎，我不禁渾身一顫，停下動作，專心一意感受那一刻在我的體內發生的絕妙變化。一種難以言喻的快感貫穿我的感官，卻是驀然獨立、無牽無掛，不知從何而來。」

很難想像，一個如此單純，不起眼的小點，卻能夠引起文豪的關注與雋永回憶，可見瑪德蓮這款蛋糕如何深植在傳統法國的家庭甜點當中，也唯有在長時間的傳遞與不斷演進，一款經典蛋糕才能穿越時空，像古典樂、古典文學般歷久不衰，甚至歷久彌新！在法式甜點中有許多這樣過了幾個世紀依舊保有原樣的經典作品，例如費南雪 financier、瑪德蓮蛋糕 madeleine、可麗露 canelé 等。外型依舊，製作技法相同，不同的是風味上多了一些變化、或是在「再訪」的復刻中，甜點師傅灌注了一些個人的創意與巧思。

對於在法國甜點學校中教授的瑪德蓮課程讓我印象薄弱，甚至沒有記憶點。大概是因為瑪德蓮對亞洲人是陌生的甜點品項，也不常見。印象最深刻的瑪德蓮製作經驗反而是在回到臺灣後的工作期間，以焦化奶油 beurre noisette[2] 製作的瑪德蓮配方馬上吸引了我的注意，焦香風味的奶油讓原本厚重的瑪德蓮輕盈了起來，

再加上香草、檸檬與柳橙皮風味點綴，立刻讓瑪德蓮像是插上了翅膀，躍身成為象徵法國文化的經典比喻。

雖然對於法國人或歐洲人像是「甜點店必備」的必需品，但是瑪德蓮經典的扇貝造型始終沒有受到改變，也許偶爾成為了慕斯夾心蛋糕 Entremet[3] 的一部分蛋糕體，但是她的外形上鮮少有更動或改變，因此烘烤出完美造型與風味的瑪德蓮變成甜點師傅在製作這款甜點時最大的成就感所在。完美造型的瑪德蓮擁有扇貝造型的底腹部、隆起如穹頂狀的頭部以及飽滿的身體，口感上應該濕潤、香氣濃郁且整體蛋糕組織偏向一致 homogène[4]（這效果需要放在密封包裝或容器中熟成一天），而金黃帶有古銅色澤的外觀就是她最誘人、最魅惑的衣裳，讓人忍不住想咬一口品嚐！

烤出漂亮的瑪德蓮需要注意的細節很多。從麵粉上的挑選、焦化奶油的烹煮拿捏、蛋的打發程度、泡打粉發揮效用的時間掌握，甚至到烤焙模子的挑選，麵糊狀態的觀察與調整，最後烘烤完成後的糖漿塗抹，在在都是「必須注重」的關鍵，如果有一個環節沒有照顧到，產出的結果就會大相徑庭。從瑪德蓮小點的角度宏觀法式甜點就不難理解，小到如瑪德蓮，大到像是慕斯夾心蛋糕，每一個環節都是經過技術迭代而造就的不凡，每一個環節的背後都充滿了理論與經驗，同樣也是甜點師傅不斷追求卓越的不二法門。

注[1] Combray 孔布賴市鎮是位在法國西南方的小鎮（4.51 平方公里），隸屬於卡爾瓦多斯省的市鎮，人口數少約 144 人。

注[2] 焦化奶油 beurre noisette 又稱作「榛果奶油」。經過高溫烹煮的奶油在約攝氏 125 至 130 度之後開始焦化變質，因而產生類似榛果或核果的風味香氣、顏色變化。

注[3] Entremet 慕斯夾心蛋糕是以慕斯為主體，中間多半夾有數種餡料的蛋糕。蛋糕強調風味的多樣性與口感的多樣面貌，夾心通常為果醬、蛋奶餡、核果類的巧克力脆片與浸潤酒糖液的蛋糕體等。

注[4] Homogène 一致性（口感）。在法式甜點中追求一致性口感的技法常常反應於常溫蛋糕中如瑪德蓮、費南雪與旅人蛋糕。剛剛出爐的蛋糕呈現外脆內柔軟的狀態，稍微冷卻後以保鮮膜包裹起來，再經過內部水氣浸潤過後，整體的質地會達到一致（濕潤柔軟），此時就是常溫甜點上理想的 homogène 狀態。

Dessert

27

橙檸瑪德蓮

Madeleine au citron et à l'orange

橙檸瑪德蓮是最經典的一款瑪德蓮，優雅的奶油香氣帶出新鮮橙子與黃檸檬皮氣息，再搭配香草的清甜，將瑪德蓮整體的質感與風味再提升了一個層次。在所有的瑪德蓮口味中，香草橙檸口味是最熱銷、最資深的其中一款常溫蛋糕，可能是她最能代表眾多風味的瑪德蓮家族吧？外帶回家享用的朋友，可以用微波爐稍微加熱（強火力，10 秒）後享用，比用烤箱烘烤更適合（烘烤容易將瑪德蓮烤過乾），從柔軟蛋糕中心散發出來的香氣，真的會讓人一口接著一口。

材料 INGREDIENTS

份量：25g/1 顆（可做約 10 顆）
SN9030 瑪德蓮模

	麵糊	公克
A	全蛋	50
	蛋黃	20
	香草莢醬	0.5
	細砂糖	69
B	低筋麵粉（過篩）	62
	泡打粉（過篩）	2.4
	鹽（過篩）	1.9
C	無鹽奶油	75
D	香吉士皮絲	0.5
	黃檸檬皮絲	0.5
	總量	281.8

POINT

麵糊黃底標示的是「口味變化」食材。觀察其他瑪德蓮配方，會發現基礎框架是一樣的，差異體現於配料的挑選，再根據各項材料特性微調用量。

保存方式：麵糊冷凍約可存放 2 週，使用前一日將冷凍的麵糊移到冷藏一晚退冰即可使用。烤好的瑪德蓮冷凍可保存 2 週，冷藏可保存 5 天，食用前退冰至常溫即可享用。

檸檬酒糖漿	公克
30 度波美糖水	30
檸檬切洛酒（或檸檬汁）	5
總量	35

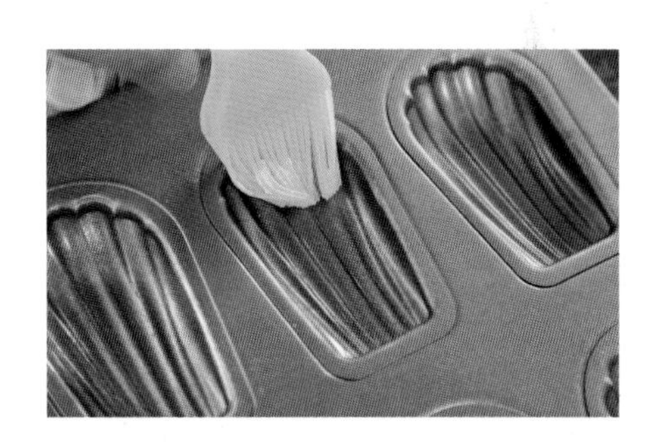

模具需先以軟化奶油薄薄一層塗抹於模具上，防止脫模時沾黏（右圖）。

三能模子不容易老化，這款是目前我用過最好的，價格也實惠，模具整體是很厚的，底部會直接接觸到烤盤面，讓熱能平均傳導到瑪德蓮的背部。有些模子會特別做「墊高」的設計，卻會阻礙導熱。

新的模子可以直接擠麵糊，但使用 5 ~ 10 次後，模具要塗一層薄薄的奶油，奶油用量只要確認每個地方都有抹到即可。如果用旋風爐烘烤，奶油塗過少容易沾黏，過多則會讓瑪德蓮位移。

作法 METHOD

1 **焦化奶油（beurre noisette）**：又稱榛果奶油。長柄厚底鍋放入無鹽奶油，小火加熱，時不時用橡皮刮刀刮過底部避免燒焦。奶油中的蛋白質與糖加熱後產生梅納反應，顏色轉至金黃，並散發微微的堅果香氣。製作完成後，以常溫水隔水冷卻後在一旁備用，並讓奶油溫度保持在 40 ~ 50°C 時加入麵糊。

POINT｜奶油發煙點是 125 ~ 153°C，建議先做好焦化奶油，再製作麵糊，同時操作很容易燒焦。

2 **麵糊**：攪拌缸加入全蛋、蛋黃和香草莢醬，以球狀攪拌器高速持續攪拌，攪拌期間分三次下細砂糖，打至十分發。

POINT｜泛白起泡不像一開始的色澤時（第一張圖），下細砂糖。持續打到光滑有流性（第二張圖），這時我會加入第三次糖，整體要打到落下時呈現如緞帶般的摺疊質感（第三張圖）。

3 加入材料 B 所有食材，並以橡皮刮刀輕柔地翻拌均勻。這部分的翻拌要輕柔，拌至麵粉融入即可停止。

POINT｜翻拌，刮刀貼著鋼盆由下朝上翻，把麵糊反覆摺疊翻拌均勻，拌到看不到粉。這個手法我稱為「摺合法」（英：fold 摺疊的意思）。

4 麵糊取 1/3 的量加入作法 1 焦化奶油中（此時的奶油溫度約 40 ~ 50°C），以打蛋器做初步混合，我稱此方式為漸進式拌合法，如果沒有做這步，奶油要花很長時間才可以完全拌合。

POINT｜此時麵糊無法完全融合，不管再怎麼攪拌，都會呈現油水分離的樣子。

5 混合後再倒入剩餘的 2/3 麵糊中，一樣以橡皮刮刀仔細並輕柔地摺疊混合，直到麵糊底部沒有奶油為止，此時麵糊落下會呈現像是絲綢緞帶的摺疊質感。最後加入材料 D 拌勻即可。

6 裝入容器，以保鮮膜貼面覆蓋麵糊冷藏 8 ～ 12 小時。時間到便取下保鮮膜，冷藏後麵糊會有氣孔，稍微拌一下使麵糊質地均勻一致。

POINT｜不做冷藏立刻烤的話，泡打粉功效無法完美呈現，需冷藏至少 8 小時讓食材融合。

7 隔日將麵糊裝入擠花袋，擠入抹上奶油的瑪德蓮模具，每個擠 25g（擠一個逗號），用小抹刀把尾端的麵糊抹平，中間的麵糊不要動它，放入冷凍庫中稍作冰鎮 10 ～ 15 分鐘。

POINT｜擠的時候集中擠在前端，若沒有抹開，尾端邊緣的麵糊較少，在攤開前麵糊邊緣會先受熱變熟，一旦烤熟它就不會流滿了，烤出來便會有缺角。有些人會把麵糊抹平，但抹平烘烤後中心就沒有明顯的凸肚。擠完麵糊之後還是要稍微冰鎮一下，想讓凸肚更明顯就再冷凍 10 ～ 15 分鐘，麵糊入爐時因跟烤箱有溫度差，受熱後外圍先熟，麵糊的力量就會集中在中心並朝正上方沖，瑪德蓮就可以烤出很美的凸肚。

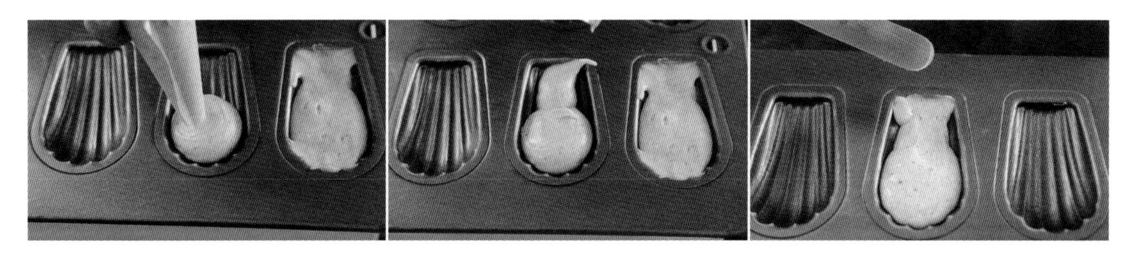

8 **烘烤**：炫風烤箱以 190°C 烤 9 分鐘，直到表面麵糊突起、乾燥烤熟，蛋糕周圍呈現褐色邊緣即可出爐。

POINT｜使用過的瑪德蓮模具，材質若是養護鐵氟龍面的不要用菜瓜布刷洗，要用海綿洗，盡量不要讓表面的油脂被沖掉。

9 **刷酒糖漿**：出爐後整顆刷上煮至 50°C 溫熱的酒糖漿，靜置到蛋糕將糖酒水完全吸收，此時再以保鮮膜包覆，放入冷藏熟成一晚，完成～

POINT｜柔軟組織的瑪德蓮是剛出爐的特色口感，但放置一段時間冷卻後，整體的口感會變為較為乾燥，此時一定要為瑪德蓮表面刷上一層酒糖漿（或糖霜）鎖住水分，亦可以將瑪德蓮放入密封自黏袋中，數小時後蛋糕會回潮，達到口感一致性濕潤。

青梅瑪德蓮

Madeleine au prune verte

春天接近夏日的瑪德蓮最適合搭配酸甜的脆梅。原味瑪德蓮（不添加柳橙與檸檬皮絲）製作完成後，混入切到細碎如丁狀的酒釀青梅，在麵糊入模型後在表面撒上丁狀的青梅，加強青梅的口感與香氣。烘烤完成，在表面立即抹上薄薄一層梅酒，優雅又多層次口感的青梅瑪德蓮就完成了！

材料 INGREDIENTS

份量：25g/1 顆（可做約 11 ～ 12 顆）SN9030 瑪德蓮模

	麵糊	公克
A	全蛋	50
	蛋黃	20
	香草莢醬	0.5
	細砂糖	69
B	低筋麵粉（過篩）	62
	泡打粉（過篩）	2.4
	鹽	1.9
C	無鹽奶油	75
D	切碎釀青梅（瀝乾）	28
	檸檬皮絲	0.5
	總量	309.3

釀青梅酒糖漿	公克
30 度波美糖水	25
水	5
梅酒	6.3
總量	36.3

◀ POINT

麵糊黃底標示的是「口味變化」食材。觀察其他瑪德蓮配方，會發現基礎框架是一樣的，差異體現於配料的挑選，再根據各項材料特性微調用量。

作法 METHOD

1 **麵糊**：參考 P.104 ～ 105 作法 1 ～ 5 完成，作法與操作的質地狀態是一致的，僅有材料 D 材料不同。

POINT

釀青梅瑪德蓮是含水量較高的瑪德蓮麵糊，建議青梅一定要瀝乾多餘水分並且烤乾燥再使用，這樣烤出來的瑪德蓮凸肚形狀較不會受到影響。

2 **烘烤、刷酒糖漿**：參考 P.105 作法 6 ～ 9 完成麵糊製作 → 烘烤 → 刷酒糖漿之動作。

凸肚烘烤示意圖

模具需先以軟化奶油薄薄一層塗抹於模具上，防止脫模時沾黏。

三能模子不容易老化，這款是目前我用過最好的，價格也實惠，模具整體是很厚的，底部會直接接觸到烤盤面，讓熱能平均傳導到瑪德蓮的背部。有些模子會做特別設計，但會阻礙導熱。

新的模子可以直接擠麵糊，但使用 5 ～ 10 次後，模具要塗一層薄薄的奶油，奶油用量只要確認每個地方都有抹到即可。如果用旋風爐烘烤，奶油塗過少容易沾黏，過多則會讓瑪德蓮位移。

Dessert 29

臺灣金萱茶瑪德蓮

Madeleine au thé vert
(Gin-hsuan)

以綠茶為代表的瑪德蓮需要選用氣味略強的臺灣金萱茶（臺茶 12 號）入味。金萱茶的特色是花香味濃郁，同樣可以被用來製作烏龍、包種與紅茶。運用茶粉入味的瑪德蓮需注意使用的茶份量，茶粉特性容易讓麵糊在烘烤過程中有不一樣的長相，所以要小心拿捏使用比例。出爐後的瑪德蓮抹上金萱茶糖漿，讓金萱茶香氣完整包裹瑪德蓮裡裡外外。

材料 INGREDIENTS

份量：25g/1 顆（可做約 10 ~ 11 顆）SN9030 瑪德蓮模

麵糊		公克
A	全蛋	50
	蛋黃	20
	香草莢醬	0.5
	細砂糖	69
B	低筋麵粉（過篩）	59
	金萱茶粉（過篩）	3.1
	泡打粉（過篩）	2.4
	鹽	1.9
C	無鹽奶油	75
	總量	280.9

金萱酒糖漿	公克
30 度波美糖水	20
水	20
金萱茶粉	0.5
總量	40.5

◀ POINT｜麵糊黃底標示的是「口味變化」食材。觀察其他瑪德蓮配方，會發現基礎框架是一樣的，差異體現於配料的挑選，再根據各項材料特性微調用量。

作法 METHOD

1 **麵糊**：參考 P.104 ~ 105 作法 1 ~ 5 完成，作法與操作的質地狀態是一致的（材料 B 多一款茶粉），且沒有材料 D 食材。

POINT｜茶葉是會影響配方吸水量的，過量會影響產品膨發性。

2 **烘烤、刷酒糖漿**：參考 P.105 作法 6 ~ 9 完成麵糊製作 → 烘烤 → 刷酒糖漿之動作。

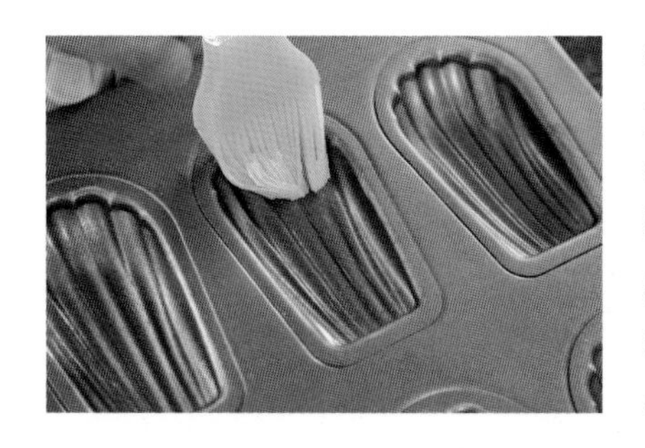

模具需先以軟化奶油薄薄一層塗抹於模具上，防止脫模時沾黏。

三能模子不容易老化，這款是目前我用過最好的，價格也實惠，模具整體是很厚的，底部會直接接觸到烤盤面，讓熱能平均傳導到瑪德蓮的背部。有些模子會做特別設計，但會阻礙導熱。

新的模子可以直接擠麵糊，但使用 5 ~ 10 次後，模具要塗一層薄薄的奶油，奶油用量只要確認每個地方都有抹到即可。如果用旋風爐烘烤，奶油塗過少容易沾黏，過多則會讓瑪德蓮位移。

Dessert 30

蜜香紅茶瑪德蓮

Madeleine au thé noir
(Honey flavored black tea)

花東區的紅茶代表莫過於瑞穗的「蜜香紅茶」。屢屢獲獎的瑞穗蜜香紅茶香氣強烈、色澤飽滿，可以運用在各式的甜點配方中。同樣使用茶粉的方式入味，需要考量茶粉的特性小心謹慎拿捏使用份量。出爐後的瑪德蓮抹上薄薄一層蜜香紅茶糖漿，讓香氣完整包裹瑪德蓮裡裡外外。

材料 INGREDIENTS

份量：25g/1 顆（可做約 10 ~ 11 顆）SN9030 瑪德蓮模

	麵糊	公克
A	全蛋	50
	蛋黃	20
	香草莢醬	0.5
	細砂糖	69
B	低筋麵粉（過篩）	59
	蜜香紅茶粉（過篩）	3.1
	泡打粉（過篩）	2.4
	鹽	1.9
C	無鹽奶油	75
	總量	280.9

蜜香紅茶酒糖漿	公克
30 度波美糖水	20
水	20
蜜香紅茶粉	0.5
總量	40.5

POINT｜麵糊黃底標示的是「口味變化」食材。觀察其他瑪德蓮配方，會發現基礎框架是一樣的，差異體現於配料的挑選，再根據各項材料特性微調用量。

作法 METHOD

1 **麵糊**：參考 P.104 ~ 105 作法 1 ~ 5 完成，作法與操作的質地狀態是一致的（材料 B 多一款茶粉），且沒有材料 D 食材。

POINT｜茶葉是會影響配方吸水量的，過量會影響產品膨發性。

2 **烘烤、刷酒糖漿**：參考 P.105 作法 6 ~ 9 完成麵糊製作 → 烘烤 → 刷酒糖漿之動作。

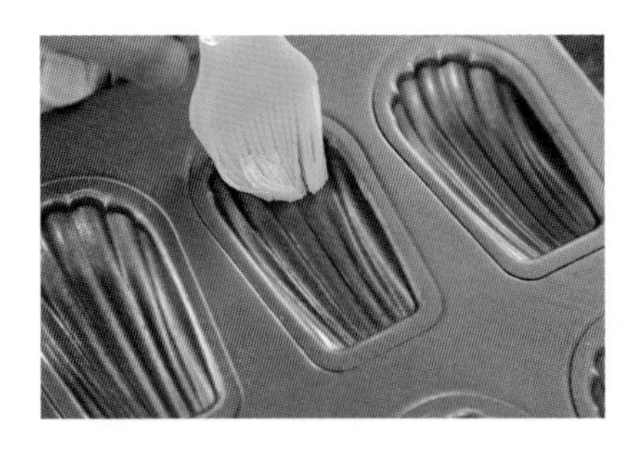

模具需先以軟化奶油薄薄一層塗抹於模具上，防止脫模時沾黏。

三能模子不容易老化，這款是目前我用過最好的，價格也實惠，模具整體是很厚的，底部會直接接觸到烤盤面，讓熱能平均傳導到瑪德蓮的背部。有些模子會做特別設計，但會阻礙導熱。

新的模子可以直接擠麵糊，但使用 5 ~ 10 次後，模具要塗一層薄薄的奶油，奶油用量只要確認每個地方都有抹到即可。如果用旋風爐烘烤，奶油塗過少容易沾黏，過多則會讓瑪德蓮位移。

Dessert

31

巧克力瑪德蓮

Madeleine au chocolat noir

巧克力瑪德蓮運用可可粉與調溫巧克力創造更多層次的口感與風味。透過以可可粉取代部分麵粉的方式，將巧克力的風味帶入配方，可可粉因富含油脂（可可脂），讓巧克力瑪德蓮口感偏濕潤，切碎的巧克力更能加強巧克力風味。瑪德蓮麵糊入模型後，建議再撒上巧克力碎一起進行烘烤，讓表面更具特色與誘人樣貌。

材料 INGREDIENTS

份量：25g/1 顆（可做約 10 ~ 11 顆）SN9030 瑪德蓮模

	麵糊	公克
A	全蛋	47
	蛋黃	19
	香草莢醬	0.1
	細砂糖	65
B	低筋麵粉（過篩）	46
	可可粉（過篩）	13
	泡打粉（過篩）	2.3
	鹽	1.8
C	無鹽奶油	71
D	巧克力碎	18
	總量	283.2

巧克力酒糖漿	公克
30 度波美糖水	25
水	5
巧克力利口酒	6.3
總量	36.3

◀ POINT

麵糊黃底標示的是「口味變化」食材。觀察其他瑪德蓮配方，會發現基礎框架是一樣的，差異體現於配料的挑選，再根據各項材料特性微調用量。

作法 METHOD

1. **麵糊**：參考 P.104 ~ 105 作法 1 ~ 5 完成，作法與操作的質地狀態是一致的，僅有材料 B 多一款可可粉、材料 D 不同。

2. **烘烤、刷酒糖漿**：參考 P.105 作法 6 ~ 9 完成麵糊製作 → 烘烤 → 刷酒糖漿之動作。

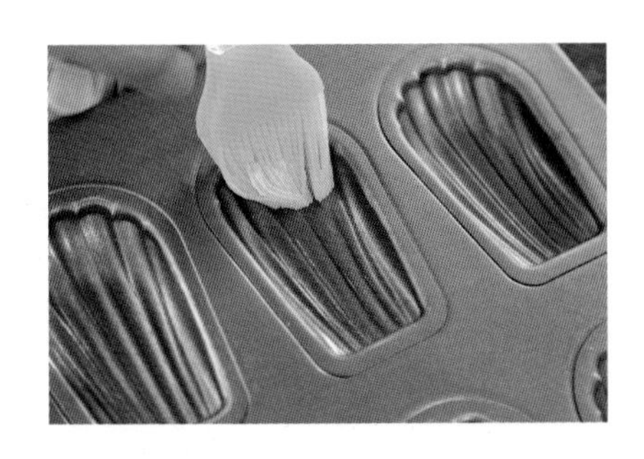

模具需先以軟化奶油薄薄一層塗抹於模具上，防止脫模時沾黏。

三能模子不容易老化，這款是目前我用過最好的，價格也實惠，模具整體是很厚的，底部會直接接觸到烤盤面，讓熱能平均傳導到瑪德蓮的背部。有些模子會做特別設計，但會阻礙導熱。

新的模子可以直接擠麵糊，但使用 5 ~ 10 次後，模具要塗一層薄薄的奶油，奶油用量只要確認每個地方都有抹到即可。如果用旋風爐烘烤，奶油塗過少容易沾黏，過多則會讓瑪德蓮位移。

TOPIC • 06

Financier
費南雪

STORY・邊境故事館・・費南雪篇

在中文中，「費南雪」的名稱來自於法文 Financier 的音譯，是很經典的一款法式常溫蛋糕。據說源起於 19 世紀的花都巴黎，19 世紀的金融業交易繁忙，在證交所上班的交易員與金融人士幾乎都忙到沒有時間吃頓午飯，只能胡亂地搪塞一個甜點裹腹。法國甜點師傅 Lasnes 發現了這個問題，為金融界人士量身打造發明一款方便手拿、品嚐時又不會弄髒衣服的點心。這款甜點使用長條形的模子製作，而且外型長的很像微縮版本的瑞士發行 9999 金磚，所以命名它為 financier（費南雪），法語中帶有「金融家、富裕者、財富」的意思，又名金融家蛋糕或金磚蛋糕。

傳統的費南雪造型演變至今幾乎沒有改變。主要的材料是焦化奶油 beurre noisette、蛋白、杏仁粉、麵粉與糖粉，為了增加風味，還會加入蜂蜜或核果研磨而成的榛果醬或者開心果醬等食材。而最耐人尋味的就是焦化奶油與杏仁粉的風味，倘若焦化奶油烹煮不夠，就不能帶出饒富大人味的核果 / 奶油焦香氣質，如果煮的太過頭，奶油發黑風味轉變過劇，又會產生令人不悅的焦油氣息，必須拿捏的恰到好處，烹煮到風味剛好轉變的當下。常常與瑪德蓮同進同出的費南雪相比較之下，費南雪又更適合成熟的大人品味，其中杏仁粉帶出的香氣與核果淡雅的風韻，好像只有經過人生歷練的味覺才能領略一二。

印象中在法國的甜點學校中教授的費南雪非常基礎，沒有加入蜂蜜，也沒有做任何變化式，如蜻蜓點水一般大概只花了短短數小時就帶過了。實習期間的製作刷新了我對費南雪這款常溫蛋糕的三觀，原來費南雪的應用層面如此廣泛！同樣以焦化奶油 beurre noisette 製作的費南雪也可以做成一般的蛋糕體，可以放在慕絲蛋糕的底部，可以作為盤飾甜點的其中一個（蛋糕）層次、放入不同的醬料後，費南雪這個載體蛋糕搖身一變成為風味的引領者，可以是主角的同時也能成為幫襯的配角，開啟我對這款甜點的無限想像，而且他的製作方法簡單，很好上手，可以大量備製後冷凍起來庫存。

完美的費南雪應該要有細緻的外觀與毛孔，剛剛出爐的費南雪散發迷人香氣，端看加入的是哪一種材料，蜂蜜的香甜或者是核果的深邃穩重，還是巧克力的飽滿馥郁。出爐後約放置 5 分鐘就可以脫離模型冷卻，冷卻後的費南雪外殼略顯硬脆，但這時候的口感是我偏愛的質地「外酥內軟」，再放置一陣子，內部的水氣會開始將外皮浸濕與軟化，進而成為像是瑪德蓮一樣的一致口感（見 P.101 針對 homogène 一致性口感說明）。出爐冷卻後的費南雪裝入密封容器或夾鏈袋，可以加速達到一致口感。費南雪表面通常會撒上象徵風味的裝飾，比方像開心果碎粒、榛果碎粒，蜂蜜口味的費南雪可以會放上酸味較重的莓果如覆盆子，平衡他本身的甜味。茶風味的費南雪，出爐後撒上防潮糖粉與抹茶粉混合的糖粉作為表面裝飾。

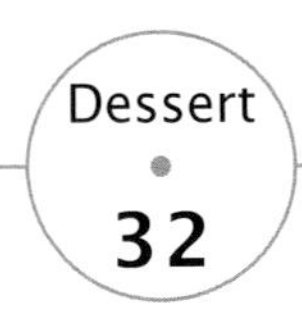

洛神費南雪

Financier à la roselle au miel

以洛神花為主題的費南雪更能展現東臺灣的食材。蜜漬過的洛神花切成細碎，拌入冷藏熟成的蜂蜜費南雪的麵糊中，接著在烘烤前撒上蜜漬洛神花片（此時不要太細碎）。整體顏色艷麗鮮豔，口感酸甜適中。

材料 INGREDIENTS

份量：35g/1 個（可做 11 個）SN9028 費南雪模

	麵糊	公克
A	杏仁粉（過篩）	40
	純糖粉（過篩）	100
	低筋麵粉（過篩）	40
	蛋白	85
B	無鹽奶油	89
	蜂蜜	21
	洛神花蜜餞切碎	21
	洛神花蜜餞（裝飾用）	適量
	總量	396

POINT

麵糊黃底標示的是「口味變化」食材。觀察其他費南雪配方，會發現基礎框架是一樣的，差異體現於配料的挑選，再根據各項材料特性微調用量。

保存方式：麵糊冷凍約可存放 2 週，使用前一日將冷凍的麵糊移到冷藏一晚退冰即可使用。烤好的費南雪冷凍可保存 2 週，冷藏可保存 5 天，食用前退冰至常溫即可享用。

模具需先以軟化奶油薄薄一層塗抹於模具上，防止脫模時沾黏（左圖）。

新的模子可以直接擠麵糊，但使用 5 ~ 10 次後，模具要塗一層薄薄的奶油，奶油用量只要確認每個地方都有抹到即可。如果用旋風爐烘烤，奶油塗過少容易沾黏，過多則會讓費南雪位移。

作法 METHOD

1 **麵糊**：材料 A 粉類混合過篩在鋼盆中，備用。

2 加入材料 B 蛋白，以刮刀大略拌勻，再用手持打蛋器略拌數下，用打蛋器的原因是，打蛋器可以讓材料更均勻，但不可以過度攪拌，所以最後才用。

3 較高的厚底單柄鍋加入無鹽奶油，中小火煮沸進行「焦化」，全程時不時要用耐熱橡皮刮刀刮過底部避免燒焦。在焦化的過程中，奶油中的蛋白質與糖加熱後產生梅納反應，顏色轉至金黃，並散發微微的堅果香氣。奶油會由原本的發酵乳酸味開始轉變為帶有焦香的核果風味，完成焦化奶油風味轉變後即可離火，趁高溫時倒入作法 2 中（一煮好立刻加入），一口氣全部加入不用害怕，用刮刀仔細把焦化奶油刮入，以打蛋器拌至麵糊均勻。

POINT | 這個步驟便是製作焦化奶油（beurre noisette），又稱榛果奶油。
做完這個步驟就是最基礎的費南雪配方，可以用這個配方進行各種口味變化。

4 加入材料 D 蜂蜜，翻拌至麵糊均勻。蜂蜜可以增加甜味，強化烘烤色澤，沒加會偏向淺褐色，加了顏色會深一些，外殼也更亮，蜂蜜還可以讓食材的保濕性更好一些哦！

POINT | 翻拌，刮刀貼著鋼盆由下朝上翻，把麵糊反覆摺疊翻拌均勻，拌到看不到粉。這個手法我稱為「摺合法」，因為英文叫 fold，是摺疊的意思。

5　加入材料 E 的口味變化食材拌勻，裝入容器中，以橡皮刮刀仔細拌勻底部麵糊，避免沈澱。麵糊以保鮮膜貼面冷藏保存，等待隔日使用。

6　冷藏完成後將麵糊取出，稍微拌一下，冷藏後材料會沉在底部，略拌一下讓麵糊質地均一。將麵糊裝入擠花袋，擠入抹上奶油的費南雪模具，每個擠 35g，放入冷凍庫中稍作冰鎮約 10 分鐘。

POINT

模具抹油訣竅跟瑪德蓮一樣，薄薄一層即可，奶油抹太多，用旋風爐烘烤時某一個角會揚起，烘烤之後就會定型，變成一角飛揚的費南雪。

費南雪是一款含油量很高的麵糊，擠入後不需刻意把邊角抹平，烘烤時麵糊會自然向外攤開滿模。

7　烘烤：表面放上材料 F 裝飾，炫風烤箱以 170°C 烤 12 分鐘，調頭再烤 6 分鐘，烤至表面呈現深褐色焦脆邊緣即可。

POINT

酥脆外衣、柔軟組織是費南雪剛出爐的特色口感，一旦放置一段時間後，整體的口感會變為一致柔軟（見 P.101 針對 homogène 一致性口感說明），香氣更濃郁。若喜歡酥脆外殼的朋友，食用時再以烤箱 170°C 回烤約 3 至 5 分鐘，放涼後也有一樣的口感喔！

覆盆子刺蔥費南雪

Financier à la framboise au tana

刺蔥（tana）是帶有果香的一種香料植物，將其葉片烘乾研磨成粉後取代部分麵粉拌入費南雪麵糊中（略帶綠色）。要注意的是刺蔥葉本身遇水後會產生勾芡的效果，因此不能添加太多，烘烤前表面貼上新鮮的刺蔥葉片作為裝飾點綴，接著在周圍放上少許覆盆子碎粒一起烘烤。紅綠相間的覆盆子刺蔥風味十分搭配，好不熱鬧。

材料 INGREDIENTS

份量：35g/1 個（可做 10 個）SN9028 費南雪模

麵糊		公克
A	杏仁粉（過篩）	40
	純糖粉（過篩）	100
	低筋麵粉（過篩）	32
	刺蔥粉（A）過篩	1.6
B	蛋白	85
C	無鹽奶油	89
D	蜂蜜	21
E	刺蔥葉（B）	適量
	冷凍覆盆子碎粒	適量
	總量	368.6

POINT

麵糊黃底標示的是「口味變化」食材。觀察其他費南雪配方，會發現基礎框架是一樣的，差異體現於配料的挑選，再根據各項材料特性微調用量。

模具需先以軟化奶油薄薄一層塗抹於模具上，防止脫模時沾黏。

新的模子可以直接擠麵糊，但使用 5 ~ 10 次後，模具要塗一層薄薄的奶油，奶油用量只要確認每個地方都有抹到即可。如果用旋風爐烘烤，奶油塗過少容易沾黏，過多則會讓費南雪位移。

作法 METHOD

1 **麵糊**：參考 P.120 ~ 121 作法 1 ~ 5 完成，作法與操作的質地狀態是一致的，僅有材料 A 多一個口味粉類。

2 冷藏完成後將麵糊取出，稍微拌一下，冷藏後材料會沉在底部，略拌一下讓麵糊質地均一。將麵糊裝入擠花袋，擠入抹上奶油的費南雪模具，每個擠 35g，放入冷凍庫中稍作冰鎮約 10 分鐘。

POINT

模具抹油訣竅跟瑪德蓮一樣，薄薄一層即可，奶油抹太多，用旋風爐烘烤時某一個角會揚起，烘烤之後就會定型，變成一角飛揚的費南雪。

費南雪是一款含油量很高的麵糊，擠入之後不需要刻意把邊角抹平，烘烤時麵糊會自然向外攤開滿模。

3 **烘烤**：表面放上材料 E 裝飾，炫風烤箱以 170°C 烤 12 分鐘，調頭再烤 6 分鐘，烤至表面呈現深褐色焦脆邊緣即可。

POINT

酥脆外衣、柔軟組織是費南雪剛出爐的特色口感，一旦放置一段時間後，整體的口感會變為一致柔軟（見 P.101 針對 homogène 一致性口感說明），香氣更濃郁。若喜歡酥脆外殼的朋友，食用時再以烤箱 170°C 回烤約 3 至 5 分鐘，放涼後也有一樣的口感喔！

Tana 是原住民稱刺蔥的名字，而刺蔥（又稱食茱萸 學名 :Zanthoxylum Ailanthoides、刺椒）其實並不是什麼臺灣東海岸奇特的的稀少作物，也更不是蔥。乃是一種常見的喬木。加入麵糊後，會使整體質地變得更黏稠。

Dessert
34

開心果費南雪

Financier à la pistache

秋冬季的費南雪。帶有濃郁焦化奶油香氣與杏仁核果香味，更能博得大家的青睞。核果本身有豐富的油脂，如果想要變換口味，開心果醬的部分可以替換成其他百分之百的核果醬料，同時能夠降低費南雪中的甜膩感。醬料的部分建議使用自製研磨的開心果醬或核果醬料，更能夠凸顯香氣，烘烤前在麵糊表面撒上開心果碎，暗示費南雪的風味。

材料 INGREDIENTS

份量：35g/1 個（可做 8 個）SN9028 費南雪模

麵糊		公克
A	杏仁粉	40
	純糖粉	100
	低筋麵粉	40
B	蛋白	85
C	無鹽奶油	89
D	100% 開心果醬	21
E	開心果粒（切碎）	適量
	總量	286

◀ POINT

麵糊黃底標示的是「口味變化」食材。觀察其他費南雪配方，會發現基礎框架是一樣的，差異體現於配料的挑選，再根據各項材料特性微調用量。

模具需先以軟化奶油薄薄一層塗抹於模具上，防止脫模時沾黏。薄薄抹一層即可，奶油抹太多，用旋風爐烘烤時某一個角會揚起，烘烤之後就會定型，變成一角飛揚的費南雪。

新的模子可以直接擠麵糊，但使用 5 ~ 10 次後，模具要塗一層薄薄的奶油，奶油用量只要確認每個地方都有抹到即可。如果用旋風爐烘烤，奶油塗過少容易沾黏，過多則會讓費南雪位移。

作法 METHOD

1 麵糊：參考 P.120 作法 1 ~ 2 完成，作法與操作的質地狀態是一致的。

2 加入材料 D 的 100% 開心果醬，翻拌至麵糊均勻。這款將蜂蜜替換成開心果醬，少了增色效果，烤出來顏色會比較淺一些。

POINT｜翻拌，刮刀貼著鋼盆由下朝上翻，把麵糊反覆摺疊翻拌均勻，拌到看不到粉。這個手法我稱為「摺合法」，因為英文叫 fold，是摺疊的意思。

3 裝入容器中，以橡皮刮刀仔細拌勻底部麵糊，避免沈澱。麵糊以保鮮膜貼面冷藏保存，等待隔日使用。

4 冷藏完成後將麵糊取出，稍微拌一下，冷藏後材料會沉在底部，略拌一下讓麵糊質地均一。將麵糊裝入擠花袋，擠入抹上奶油的費南雪模具，每個擠 35g，表面放上材料 E 開心果粒裝飾，放入冷凍庫中稍作冰鎮約 10 分鐘。

POINT｜費南雪是一款含油量很高的麵糊，擠入之後不需要刻意把邊角抹平，烘烤時麵糊會自然向外攤開滿模。

5 烘烤：炫風烤箱以 170°C 烤 12 分鐘，調頭再烤 6 分鐘，烤至表面呈現深褐色焦脆邊緣即可。

POINT｜酥脆外衣、柔軟組織是費南雪剛出爐的特色口感，一旦放置一段時間後，整體的口感會變為一致柔軟（見 P.101 針對 homogène 一致性口感說明），香氣更濃郁。若喜歡酥脆外殼的朋友，食用時再以烤箱 170°C 回烤約 3 至 5 分鐘，放涼後也有一樣的口感喔！

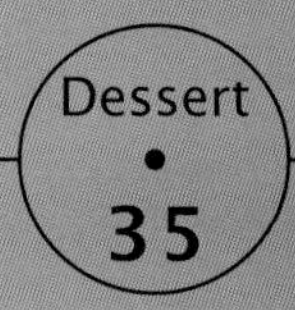

臺灣花生地瓜費南雪

Financier à la cacahuète à la patate douce

地瓜與花生是臺灣的特產，在法國較難取得，運用在甜點上也相當罕見。我們刻意將部分杏仁粉以臺灣的純花生粉取代，在麵糊中創造花生香氣。另外在烘烤前表面撒上蜜地瓜碎塊作點綴與裝飾。地瓜的香甜與花生的特殊香氣果然十分契合，這就是十足濃郁的臺灣味表現！

材料 INGREDIENTS

份量：35g/1 個（可做 10 個）SN9028 費南雪模

麵糊		公克
A	杏仁粉（過篩）	20
	花生粉（過篩）	20
	純糖粉（過篩）	100
	低筋麵粉（過篩）	40
	蛋白	85
	無鹽奶油	89
	蜂蜜	21
	蜜地瓜丁	適量
	蜜地瓜丁（裝飾）	適量
	總量	375

◀ POINT

麵糊黃底標示的是「口味變化」食材。觀察其他費南雪配方，會發現基礎框架是一樣的，差異體現於配料的挑選，再根據各項材料特性微調用量。

模具需先以軟化奶油薄薄一層塗抹於模具上，防止脫模時沾黏。

新的模子可以直接擠麵糊，但使用 5 ~ 10 次後，模具要塗一層薄薄的奶油，奶油用量只要確認每個地方都有抹到即可。如果用旋風爐烘烤，奶油塗過少容易沾黏，過多則會讓費南雪位移。

作法 METHOD

1 麵糊：參考 P.120 ~ 121 作法 1 ~ 5 完成，作法與操作的質地狀態是一致的。

2 冷藏完成後將麵糊取出，稍微拌一下，冷藏後材料會沉在底部，略拌一下讓麵糊質地均一。將麵糊裝入擠花袋，擠入抹上奶油的費南雪模具，每個擠 35g，放入冷凍庫中稍作冰鎮約 10 分鐘。

POINT

模具抹油訣竅跟瑪德蓮一樣，薄薄一層即可，奶油抹太多，用旋風爐烘烤時某一個角會揚起，烘烤之後就會定型，變成一角飛揚的費南雪。

費南雪是一款含油量很高的麵糊，擠入之後不需要刻意把邊角抹平，烘烤時麵糊會自然向外攤開滿模。

3 烘烤：表面放上材料 F 約 1 公分丁狀蜜地瓜數顆，炫風烤箱以 170°C 烤 12 分鐘，調頭再烤 6 分鐘，烤至表面呈現深褐色焦脆邊緣即可。

POINT

酥脆外衣、柔軟組織是費南雪剛出爐的特色口感，一旦放置一段時間後，整體的口感會變為一致柔軟（見 P.101 針對 homogène 一致性口感說明），香氣更濃郁。若喜歡酥脆外殼的朋友，食用時再以烤箱 170°C 回烤約 3 至 5 分鐘，放涼後也有一樣的口感喔！

TOPIC • 07

Canelé
可麗露

STORY・邊境故事館・可麗露篇

典故一則。在法文中，可麗露的原名 Canelés 意思是「凹槽」，音譯為「可麗露」。即便是在十年前，可麗露在臺灣都還乏人問津，爆紅也僅僅是最近幾年的事情。據說，1985 年 88 位波爾多當地的甜點師傅為了保護當地的可麗露傳統文化與完整性，組成了「可麗露公會」，認證本地所產的 (AOP)[1] 可麗露為 Canelé de Bordeaux（源自於波爾多的可麗露），而非波爾多產區的可麗露都只能稱作 Canelé Bordelais（波爾多式的可麗露）。這樣的作法有點像是法國香檳產區的氣泡酒才能稱為香檳，而非香檳產區的氣泡酒，只能夠稱作「氣泡酒」有異曲同工之處。

十八世紀的波爾多是重要的運輸港口，傳統的波爾多葡萄酒釀造需要用雞蛋中的蛋白來澄清，因此常常剩下非常多的蛋黃，棄之可惜因此送往修道院 Annonciades，修女們運用蛋黃、鮮奶、麵粉與糖改良做成了最初版本的可麗露，稱為 Canelas 或 Canelons。另外一派的說法是，十七世紀便有人在街頭販售這種以蛋黃跟麵粉混合而成的蛋糕 Canaules 或 Canaulets。總而言之，他的出現都與波爾多葡萄酒產業脫不了關係。

當我還在臺灣開始接觸法式甜點的時候——當時是 2008 年，完全沒有聽過這款法式甜點「可麗露」，更遑論學習如何製作。也許是因為他還沒走紅，鮮少被人注意與發掘，再者他不光鮮的外表，很難被人察覺。直到我來到法國開始學習法式甜點後才發現這個不起眼，但是風味與口感都相當獨特的甜點。還記得這堂課，老師簡單教我們煮一款可麗露的麵糊，並直言今天無法立即使用麵糊烘烤，一定要等待冷藏熟成 / 老化至少 8 小時。隔天老師的烘烤模具是矽膠墊造型的可麗露模具，先四邊噴上了烤盤油，底部也薄薄地噴上了一層後，快速的將稍微攪拌均勻的麵糊倒入模型就開始烘烤了。烤焙的時間長度約 1.5 小時，我印象深刻且驚訝，因為從來沒有遇過要烘烤這麼漫長的甜點，況且他還只有小小一顆不到 60 克！烤完出爐之後脫出模子，等待外皮變硬了我們才能品嚐，每一個同學大約有數十顆的收穫，大家咬了一口就丟在旁邊了，沒有人喜歡他的風味，有些同學還以為這是矽膠模變質帶出來的味道。我也不以為意，帶回寢室後，切開組織拍了張照片，然後簡單的做了製作筆記，開始淡忘他的作法、風味還有應該有的內外組織。

直到再一次接觸他已經是第二次實習的時候。

第二份實習是在靠近瑞士的安娜瑪斯 Annemasse 小鎮，鎮上有一間遠近馳名的甜點店 Lesage，是由甜點主廚 Lesage 開辦的甜點店，規模很大涵蓋了各式各樣的法式甜點，自然也少不了這個家喻戶曉的法式甜點可麗露。是不是波爾多以外的法國甜點店都使用非銅模在烘烤可麗露？第二間實習甜點店也使用矽膠模作為他們的模具，只是他們的模具比較大些，一次可以灌約 90 克的麵糊。也許因為麵糊製作簡單，烘烤也相對簡單，但是需要有夥伴顧著烤箱，我被指定為「可麗露烤焙者」。因為獲得了這個頭銜，我一股腦地認真投入了可麗露的製作、烘烤與評斷，當天麵糊的狀態、烤培時的溫度與顏色掌握，都變成了我每天最期待與心心念念的工作內容。有時候麵糊有狀況，或烘烤出來的產品不理想，我也可以找出問題原因與提出改善方法，副主廚看我如此投入與熱衷，也覺得相當放心，更毫無忌諱地將可麗露的重責大任交給了我。為了測試與練習，我還在當地買了一台二手家用烤箱在家做測試與練習，希望能將這份當時還不流行的法式甜點帶回臺灣。

要烤出一顆完美的可麗露確實是不簡單的事，他所需要關注的技法多如牛毛，樸實無華的外表下，多是要注重的細節。舉凡烹煮的時候需要注意牛奶是否能將糖融化，液態的牛奶是否能讓麵糊進行「糊化[2]」，以及麵糊一定要進行的「熟成」或者又稱作「老化[3]」，最終在烘烤之前銅模的啟用與養護，無一不是要注重的細節，倘若有一個細節沒有顧及，可麗露就沒有辦法完美呈現了。在這個章節中，我們將對可麗露的所有「大小事」做剖析，進階地再做風味上的變化。

注[1] A.O.P. 是法文 Appellation d'Origine Protégée 的縮寫，意即「原產地法定保護區的認證」，也可以稱作 A.O.C.（Appellation d'Origine Contrôlée）。

注[2] 糊化現象。澱粉如麵粉經過加水加熱後結晶型態改變，澱粉顆粒體積及黏性增加，產生所謂的膨潤狀態（swelling），這樣的過程就稱作糊化，米食製品中這類的澱粉相當多。

注[3] 老化，法文 vieillissement，意思是指經過長時間冷藏或常溫放置後，麵糊的內容配方經過均勻的交互混合與物理上發生改變（如麵筋鬆弛）。通常經過老化的產品在後加工時，會有顯著的結果改變。

TOOL

可麗露常見模具一覽

鋁合金不沾可麗露模（噴烤盤油）

烘烤出來幾乎跟銅模一樣，表皮脆度可以跟銅模維持一樣久，上色非常均勻，也相當好脫模。缺點是，第一產品表面紋路不明顯，第二因為內裏有不沾塗料，用久了當塗料脫落，就會變得非常沾黏。

不鏽鋼可麗露模（噴烤盤油）

模子本身不是完全不鏽鋼的，有上一層不沾，所以非常好脫模。它幾乎克服了不沾模紋路不深的問題，同時也克服了銅模價格昂貴、很難養護的問題，售價只有銅模的一半，真的是新一代可麗露救星~

可麗露銅模（噴烤盤油）

缺點就是貴。優點是外皮脆度可以維持較久，上色均勻，整體形狀立體。銅模不能總是洗得很乾淨，要保持一定的油量、滑潤度，養護只要使用完後不清洗，下次使用前擦拭乾淨內部，再噴上一層油脂，就可以烤下一批可麗露了。銅模的內裏非常容易卡屑屑，屑屑會抓住麵糊讓可麗露長不高，銅模如果養護不好失敗率其實是蠻高的。

矽膠可麗露模（抹奶油）

邊境早期都是用矽膠模。優點是不用像養銅模這麼費工，每次烤完之後只要微微刷上奶油，就可以用下一次，清洗用冷水稍微洗一下就好，不用特意用清潔劑清洗。缺點是導熱不好，可麗露表皮不會那麼硬脆，上色那麼深，甚至最上面的中心點也不會上色，只能呈現布丁般的色澤。維持外殼焦脆的時間相對短，大概半天外皮就軟化了。使用頻率上大概用 20 ~ 30 次模子本身就會開始變黑，局部變黑代表矽膠變質，可麗露烤出來的形狀不規則，這時候的矽膠模就必須淘汰了。

PREPARE

模具前置工作

1 銅模用紙巾擦拭乾淨，噴烤盤油（或噴芥花油，芥花油是炒菜油耐熱溫度較高），使用不鏽鋼、鋁合金、矽膠，都建議擦拭後噴油。

2 過多的油脂會沉積在底部（參考最後一張圖），因油脂的導熱比較差，烘烤後麵糊隔著油脂，烤出來不容易上色，便是俗稱的「白頭」。

脫模示範

出爐後靜置 5 ~ 10 分鐘，再將模子倒扣，讓可麗露滑出銅模。倘若可麗露無法順利脫模，可以輕敲震動，讓可麗露掉出來。

切面說明

酥脆外衣，柔軟如布丁般的組織是可麗露剛出爐的特色，常溫或冷藏放置數小時後，內裏布丁的質地就會漸漸消失，中心水氣被慢慢吸收，整體的口感會變為一致柔軟，香氣濃郁。

POINT｜第二張圖中間還是布丁質地，冷藏一晚後，水氣被麵糊吸收，慢慢形成蜂巢狀結構。

雖然不是在波爾多原產地所製作的可麗露，但是這份經典到不行的配方確實源自於法國波爾多，是我在法國第二間甜點店實習時所獲得的珍貴食譜。遵照著簡單的製作方式（完全不需要攪拌機），就可以做出美味又道地的可麗露，獲絕讚風味。

香草經典波爾多可麗露

Canelé Bordelais

材料 INGREDIENTS

份量：85g/1 顆（可做 6 顆）可麗露模

麵糊		公克
A	新鮮香草莢	0.5
	鮮奶	250
	無鹽奶油	25
B	細砂糖	125
	鹽	2.5
	低筋麵粉（過篩）	50
C	全蛋	25
	蛋黃	30
D	萊姆酒	25
	總量	533

POINT

麵糊黃底標示的是「口味變化」食材。觀察其他可麗露配方，會發現基礎框架是一樣的，差異體現於配料的挑選，再根據各項材料特性微調用量。

模具需先噴一層薄薄的烤盤油（P.132）。

可冷凍密封容器保存 7 天。退凍時，以烤箱 170°C 回烤約 3 ~ 5 分鐘，放涼後也有一樣的口感喔！

作法 METHOD

1 有柄厚底鍋加入材料 A，中火一同加熱煮滾，煮至沸騰。

POINT

用厚底鍋會比較好，厚底鍋可以把熱度均勻分散。如果用普通的不沾鍋、鐵鍋。鐵鍋受熱快，煮滾鮮奶就一定要顧爐，因為奶類非常容易燒焦。

新鮮香草莢橫向剖開取籽，加入時把新鮮香草莢條、籽一起加入，讓風味更濃厚。

2 在作法 1 煮滾的過程中，另取一個乾淨鋼盆加入材料 B，以打蛋器混合拌勻，拌勻至看不見粉粒就好。

3 將材料 C 倒入作法 2 中，再次以手持打蛋器攪拌均勻，略呈現乳白色狀態（Blanche）。

POINT | 工具如果不是厚底鍋，鮮奶烹煮會有燒焦的風險，建議不要與作法 2 同時操作。作法 1 完成後再來操作作法 2。鮮奶一旦燒焦就不可以再用了。

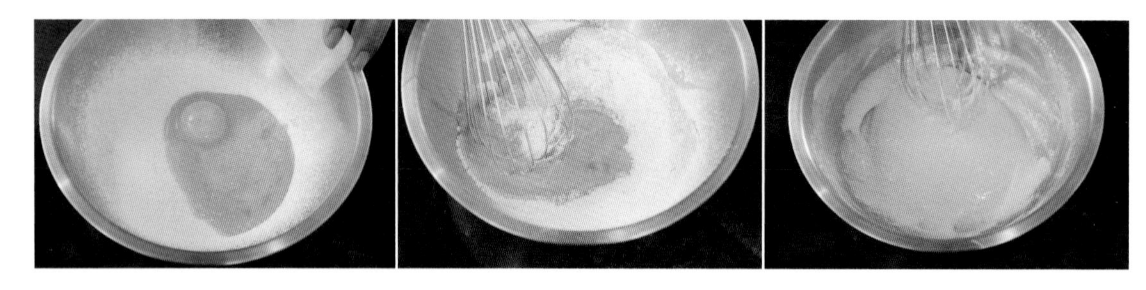

4 作法 1 大滾後立刻離火，立即沖入作法 3 中，持續以打蛋器輕柔拌至麵糊均勻，聽不到細砂糖的聲音（見 P.131 糊化說明）。

POINT | 千萬不用要均質機均質，低筋麵粉會在攪打過程中把筋性打發，烤出來會很高。

5 最後加入材料 D，輕柔地拌至麵糊均勻，並以打蛋器確認底部沒有未融化的細砂糖。

6 裝入容器前，以橡皮刮刀仔細拌勻底部麵糊，避免沈澱。為了方便保存，我們把麵糊放到比較小的容器中，以保鮮膜貼面冷藏保存，等待隔日使用（冷藏至少 8 ~ 12 小時，見 P.131 老化說明）。

POINT | 配方的低筋麵粉用量不少，需要透過一晚冷藏鬆弛，可麗露烤出來才不會太高。

7　隔日，把冷藏後的麵糊稍微拌勻，再用粗孔篩網過篩，把凝結在表面的奶油、略有結塊的麵糊過濾到細緻均勻。將麵糊裝入量杯，倒入噴上烤盤油的可麗露模型，85g/1 顆。

POINT　粗孔篩網可以把「新鮮香草莢條」過濾掉，卻不會把珍貴的「新鮮香草莢籽」濾掉。
每個模具大小不太一樣，但麵糊都建議灌到 9.5 分滿。

8　炫風烤箱以 190°C 烤 27 分鐘後，把烤盤調頭，降溫至 170°C 再烤 45 分鐘，烤至表面呈現深褐色即可。

POINT　酥脆外衣，柔軟如布丁般的組織是可麗露剛出爐的特色，常溫或冷藏放置數小時後，內裏布丁的質地就會漸漸消失，中心水氣被慢慢吸收，整體的口感會變為一致柔軟，香氣濃郁。

9　出爐後靜置與冷卻 5 ～ 10 分鐘，再將模子倒扣，讓可麗露滑出銅模。倘若可麗露無法順利脫模，可以輕敲震動，讓可麗露掉出來。

POINT　出爐後等待一下，讓麵糊更穩定再做脫模的動作。如果一出爐立刻脫模，可麗露內部狀態其實很像布丁，倒扣的時候裡面的餡就會往下掉，一旦往下掉，上面就會出現一個很大的空隙。
脫模後我們也要等待大約 10 分鐘，或更久的時間，讓它外面的焦糖殼形成，它外殼才會是硬脆的。
酥脆外衣，柔軟如布丁般的組織是可麗露剛出爐的特色，常溫或冷藏放置數小時後，內裏布丁的質地就會漸漸消失，中心水氣被慢慢吸收，整體的口感會變為一致柔軟，香氣濃郁。

貝禮詩奶酒可麗露

Canelé au Baileys

加了貝禮詩奶酒的可麗露十分適合在冬夜或寒冷夜晚享用。溫暖帶著奶香的可麗露因為高溫烹煮早就已經沒有酒味，留存在可麗露本身的只有香醇的奶酒香氣。另外，這份配方的奶酒也可以用其他同酒精百分比的酒款 / 利口酒取代，同樣也可以帶出繽紛的香氣。

材料 INGREDIENTS

份量：85g/1 顆（可做 6 顆）可麗露模

	麵糊	公克
A	新鮮香草莢	0.5
	鮮奶	250
	無鹽奶油	25
B	細砂糖	125
	鹽	2.5
	低筋麵粉（過篩）	50
C	全蛋	25
	蛋黃	30
D	貝禮詩奶酒	25
	總重	533

POINT

麵糊黃底標示的是「口味變化」食材。觀察其他可麗露配方，會發現基礎框架是一樣的，差異體現於配料的挑選，再根據各項材料特性微調用量。

模具需先噴一層薄薄的烤盤油（P.132）。

可冷凍密封容器保存 7 天。退凍時，以烤箱 170°C 回烤約 3 ~ 5 分鐘，放涼後也有一樣的口感喔！

作法 METHOD

參考 P.135 ~ 137 作法 1 ~ 9 完成，作法與操作的質地狀態是一致的，僅有材料 D 不同。

Dessert
38

茶粉作法

小山園抹茶可麗露

Canelé au thé vert matcha

抹茶可麗露是絕對不能錯過的一款可麗露，以茶粉入味的可麗露作法跳脫傳統方式，要格外注意，因為有些茶粉會帶出不同的效果，而讓可麗露的烘烤過程產生變化。製作過程中如果過度烹煮抹茶也會產生不好的澀味或產生顏色改變，因此要特別注意溫度的部分。

材料 INGREDIENTS

份量：92g/1 顆（可做 5 ~ 6 顆）可麗露模

麵糊		公克
A	鮮奶（A）	125
	無鹽奶油	25
B	細砂糖	125
	鹽	2.5
	低筋麵粉（過篩）	43
C	全蛋	25
	蛋黃	30
D	抹茶酒（過篩）	25
E	小山園抹茶粉（若竹）	7.5
	鮮奶（B）	125
	總重	533

POINT

★ 編注：茶葉類作法可參見 P.142 ~ 143。

麵糊黃底標示的是「口味變化」食材。觀察其他可麗露配方，會發現基礎框架是一樣的，差異體現於配料的挑選，再根據各項材料特性微調用量。

模具需先噴一層薄薄的烤盤油（P.132）。

可冷凍密封容器保存 7 天。退凍時，以烤箱 170°C 回烤約 3 ~ 5 分鐘，放涼後也有一樣的口感喔！

作法 METHOD

參考 P.135 ~ 137 作法 1 ~ 9 完成，作法與操作的質地狀態是一致的，倒入模具的量改為 92g。

POINT

材料 A 把新鮮香草莢剃掉，避免兩種風味衝突，分不清主次。在加入材料 D 的步驟，同時加入以均質機均質的材料 E。

抹茶粉直接加入大量液體中容易產生結顆粒狀況，過度加熱也會改變青綠色澤。因此將抹茶粉與部分鮮奶混合均質後，在最後才和抹茶酒一起加入拌勻。

抹茶粉受熱會變色，所以我們先把抹茶粉均質。用均質機要避免在「有麵粉」的材料中使用。

均質機使用時盡可能往底部放，機器若拿太高，麵糊含帶空氣一起攪拌會產生許多細微的氣泡，麵糊中的氣泡含量會提高，改變麵糊質地的同時也會縮短麵糊保存效期。

將沸騰的鮮奶沖入細砂糖、蛋和麵粉的麵糊中拌勻，不用擔心蛋會被煮熟。當蛋黃與細砂糖拌勻時，蛋黃受熱溫度會被提高，從 85°C 拉高到 95°C，砂糖會把蛋黃中的水取走（脫水），缺乏導熱的水，蛋黃可以承受的溫度就可以拉高，不致變成蛋花湯。

茶粉會吸水但不會產生麵筋，所以麵糊的膨脹性會受到影響。茶粉類型的可麗露入模時建議把重量調高，從原本的 85g 調整到 92g（在同一個模具中幾乎是滿模的狀態），這樣烤出來，高度才會跟其他的可麗露齊高。

茶葉作法

Dessert • 39

臺灣烏龍茶香可麗露

Canelé au thé Oolong Taïwanais

特別以「臺灣烏龍茶葉」入味是因為臺灣茶大部分都是以「茶葉」型態呈現，也因此在烹煮麵糊的過程中會以「茶泡式」的手法為基礎，將茶葉的香氣融合在麵糊中，這種手法慣用在許多以茶葉為配方的可麗露麵糊中，是格外有趣的製作方式。

材料 INGREDIENTS

份量：85g/1 顆（可做 6 顆）可麗露模

麵糊		公克
A	烏龍茶葉	6.3
	鮮奶	250
	無鹽奶油	25
B	細砂糖	125
	鹽	2.5
	低筋麵粉（過篩）	50
C	全蛋	25
	蛋黃	30
D	紅茶利口酒	25
	總重	538.8

POINT

★ 編注：茶粉類作法可參見 P.140 ~ 141。

麵糊黃底標示的是「口味變化」食材。觀察其他可麗露配方，會發現基礎框架是一樣的，差異體現於配料的挑選，再根據各項材料特性微調用量。

模具需先噴一層薄薄的烤盤油（P.132）。

可冷凍密封容器保存 7 天。退凍時，以烤箱 170°C 回烤約 3 ~ 5 分鐘，放涼後也有一樣的口感喔！

作法 METHOD

1　有柄厚底鍋加入鮮奶煮滾，放入烏龍茶葉蓋上蓋子，浸泡茶葉 10 分鐘。時間到濾出茶葉，重新把鮮奶補足至 250g，將烏龍茶鮮奶、無鹽奶油一起煮滾。

POINT

用厚底鍋會比較好，厚底鍋可以把熱度均勻分散。如果用普通的不沾鍋、鐵鍋。鐵鍋受熱快，煮滾鮮奶就一定要顧爐，因為奶類非常容易燒焦。

茶葉類的作法又與茶粉不同，把鮮奶煮滾，像泡茶一樣泡 10 分鐘泡出茶色，再濾掉。因茶葉會吸大量的鮮奶，要再把配方中的鮮奶量補回去。

把材料封起後，保鮮膜內凝結的水就是自由水、蒸餾水，也是純水。這些水再回落到麵糊表面會滋養細菌或黴菌，變成一個很適合菌類生長的環境。有純水、溫度適宜，食材營養充沛，即便只冷藏一個晚上也會發霉。因此一定要記得貼面保存。

2　參考 P.136 ~ 137 作法 2 ~ 9 完成，作法與操作的質地狀態是一致的。

POINT

另一種方式是不煮鮮奶，把茶葉跟鮮奶放入鋼盆，用保鮮膜貼面冷藏一晚：這個手法叫「浸泡融合 fusion」，法式甜點中有很多這樣的手法，不是直接加入，而是以泡的方式處理。會按照食材特性決定熱泡或冷泡，像咖啡，冷泡就不會帶出太多的苦澀味。

TOPIC · 08

Choux
泡芙

花生醬
[無糖・顆粒]
拌醬與沾醬的美味密碼

STORY

•

邊境故事館：泡芙篇

泡芙 Chou，法文中 Chou 是「甘藍菜」的意思，因為烘烤完成的泡芙形似甘藍菜，因此得到這個美名。

泡芙的歷史在法式甜點中可以追朔到法國波旁王朝時期（Maison de Bourbon, 1555-1848），當時為了爭奪歐洲主導權，波旁王朝與奧地利的哈布斯王朝（Haus Habsburg）征戰多年，兩敗俱傷且精疲力竭，為了避免鄰國在征戰殺伐中漁翁得利，因此奧地利公主與法國皇太子通婚，而在這場盛大的凡爾賽宮婚宴中，壓軸的甜點就是「泡芙」，因此泡芙又被賦予了「吉祥」、「慶典」與「和好」的寓意。即使到現在，法國的慶典、典禮場合或新人結婚時，仍常常看見以泡芙沾焦糖後堆疊起來的泡芙塔（Croquembouche），象徵喜慶與祝賀之意。

相傳泡芙的雛形是源自於搭配湯品的鹹麵包，通常灌入肉泥內餡，或者是乳酪等餡料。十七世紀時，泡芙的配方稱作為 Potage de profiteolles（法文原意已經不可考），這樣的說法一直到十九世紀才被認定為是泡芙的配方名稱，而因此泡芙的配方最初是發源於法國。

雖然在臺灣早已知道泡芙的作法與方式，但是在我學習歷程中從來沒有認真看待過這項法國甜點中的經典基礎，或者應該說當時根本不知道「泡芙」竟然源自於法國，而且法國甜點師傅們竟然如此「重視」它！

在學習法國甜點的課程中，泡芙麵糊 Pâte à Choux 被安排在非常前面的幾個章節，幾乎就是跟基礎醬料、麵團結合在一起的基礎配方，誰也沒有想過他會如此重要，在學習與操作的過程中，泡芙麵糊也是我們最常操作與練習的麵糊之一。後來發現，泡芙麵糊如此重要絕對跟延伸應用有很大的關聯。泡芙麵糊可以製作各式各樣的法式經典甜點如：閃電泡芙 Éclair、修女泡芙 Religieuse、天鵝 Cygnes（en pâte à choux）。還有極為豪華，搭配著千層酥皮的聖多諾黑 Saint-Honoré，和壯觀的大型工藝作品泡芙塔 Croquembouche。因此不難想像，如果泡芙麵糊做不好，根本就跟許多法式經典甜點絕緣了，所以甜點師傅們都視泡芙為基礎中的基礎，製作泡芙的硬工夫就如同功夫中的蹲馬步。不但是基礎，還要時常練習到滾瓜爛熟，幾乎是隨手就能做出來的程度。

奇妙的是，泡芙雖然如此基礎，卻很少有法國甜點店的師傅願意放手讓實習生或學徒製作泡芙麵糊。我的兩個甜點實習都有裝飾泡芙的甜點品項，但是卻完全沒有機會接觸泡芙麵糊的製作，我常常偷偷在一旁觀察著師傅們製作泡芙麵糊（通常是同一位師傅），真的無法理解，為什麼幾個看似技法簡單的麵糊製作，無法交接給學徒來進行，如果可以將它標準流程化，主廚或經驗深厚的師傅絕對可以省下大量的時間。

直到回到臺灣，在瑪歌尼尼 Pierre marcolini 擔任製作泡芙麵糊後才知道，原來製作出一致性、穩定的泡芙麵糊如此不簡單，而且幾乎沒有標準流程 SOP 可循，再者，製作的過程中也難以用科學的方法量化他的狀態與質地。也難怪，在法國時永遠都是那幾位師傅在做泡芙，而且每次製作出來的品質可以達到一致性的穩定與樣貌。

邊境十年，泡芙麵糊製作同樣也歷經了十載，製作這款麵糊的所有技術與經驗，經過了不斷的迭代，好不容易走到了今天的穩定與熟練，也才能夠快速地讓一位新夥伴上手，但是即使是教會了一位師傅，後面仍需要透過大量的練習，才能夠自行判斷麵糊狀態，一眼看出麵糊問題，最後擠出自己想要的造型，烘烤出理想的形狀。

我們將泡芙麵糊的製作區分為幾個最重要的階段：煮滾奶水、麵糊糊化與最終與蛋的拌合。每一個過程雖然細微，但是卻跟最終麵糊的結果息息相關。另外，在這個章節中也傳授了關於大量製作泡芙與保存的方法和知識，絕對是開設甜點店者必備的技能，希望大家會喜歡。

BASIC

基礎泡芙殼

材料 INGREDIENTS

份量：20g/1 顆（可做 20 顆）圓口花嘴 SN7068

	麵糊	公克
A	鹽	1
	細砂糖	3.5
	水	172
	無鹽奶油	79
B	低筋麵粉（過篩）	100
C	全蛋（常溫）	161
	總重	516.5

作法 METHOD

1 有柄厚底鍋加入材料 A，中火一同加熱煮滾，煮至沸騰，確認奶油完全融化，離火。

2 加入過篩低筋麵粉，並靜置約 30 秒，讓麵粉吸收水分。

3 開中火，橡皮刮刀以拌炒的動作將麵團翻攪，直到麵糊呈現光亮（麵團出汗）與成團不黏鍋。拌炒麵團時鍋底會形成一層薄膜（結皮），看到這層薄膜形成即可停止拌炒的動作。

POINT

麵粉剛下去時材料糊化，此時拌會變成有一塊一塊，像小小的麵疙瘩的狀態，繼續拌勻後奶油就會發揮作用，材料會被拌勻到更滑順。

因為肉眼無法看到麵團中有多少水被蒸發，要觀察麵皮在鍋底的結皮，結皮厚薄代表麵團的乾燥程度，依結皮厚度判斷水蒸發的多寡。

4 接著，將作法 3 麵團倒入攪拌缸中，以槳狀攪拌器低速攪拌讓麵團稍作降溫，約攪拌 30 秒，讓麵團溫度降到 70 度以下。

5 倒入全蛋中的蛋黃到攪拌缸中（分次加入），以低速做初步的拌勻，再轉中速度讓麵糊均勻。此時的材料不會非常均勻，會被槳狀攪拌器切成小塊。

6 持續攪打至麵糊均勻後，以橡皮刮刀刮取攪拌缸邊緣的麵糊至麵糊中心，然後一次加入所有蛋白，再以低速先做初步攪拌，再轉中速度讓麵糊均勻。

POINT | 這個配方的雞蛋秤量要非常準確，雞蛋中含有大量水分，水量太多泡芙太大，水量太少泡芙太小。並且要先下蛋黃，待麵糊吸收蛋黃乳化均勻後，再下蛋白逐步讓麵糊吸收。

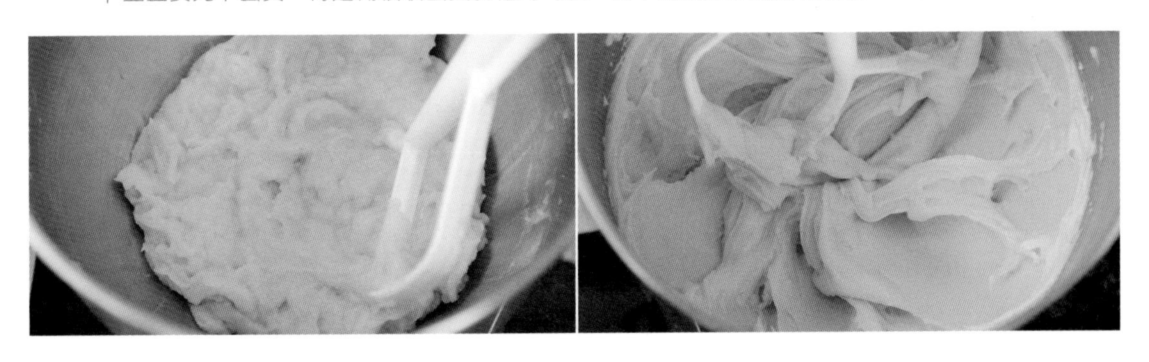

7 此時麵糊已融合且成型。轉中高速，將麵糊快速攪拌（約 5 分鐘））直到麵糊微泛白且滑順即可停止，此時的麵糊溫度大約是 30 ～ 35°C。轉快速讓材料更均勻，並且把空氣少量地打進去，讓麵糊質地更均勻。

POINT｜麵糊太熱擠出來烤熟會變得跟馬卡龍一樣扁平，太冷不好擠，另一方面會影響成品的高度。

8 裝入套上花嘴的擠花袋，擠半圓球狀在不沾烤盤上，每顆約 20g。表面放上圓片狀脆皮酥菠蘿（圓面積要大於泡芙圓球直徑）。

POINT｜製作好的泡芙麵糊一定要盡快使用完，在使用過程中請務必「保濕」，所以裝盛麵糊的攪拌缸會以沾濕的抹布覆蓋著，避免麵糊乾燥。除此，擠好成形的麵糊也可以放在冷凍中冰硬，隔日再收取。收取下來的泡芙務必要裝在密封容器中保存，約一週內要烤掉。

9 送入預熱好的烤箱（關風門），以上下火 170°C 烤 30 分鐘。判斷的重點，當泡芙長大表面均裂後，觀察均裂處上色狀況，如果還是白的就要稍微再烤一下，烤到上色為止。出爐放涼，橫向剖開，剖開的泡芙蓋再用模具取一個完整圓形（造型比較漂亮）。

POINT｜不要開風門烤，麵糊未烤熟中間沒有支撐力，烤泡芙開風門一定會失敗。烘烤期間也不能開烤箱門，一開，冷空氣進入烤箱便會導致未烤熟的泡芙崩塌（變成燒餅）。

BASIC

脆皮酥菠蘿

材料 INGREDIENTS

份量：20g/1 顆（可做 20 顆）圓口花嘴 SN7068

麵糊	公克
二砂糖	50
無鹽奶油（軟化）	50
低筋麵粉	50
杏仁粉	40
總重	190

作法 METHOD

1　所有材料（不用過篩）一起加入攪拌缸中，以槳狀攪拌器低速拌勻，完成。

2　麵團放到兩張烘焙烤紙中間，以擀麵棍推平壓扁到約 2 毫米厚度左右，裁切（或壓模）成想要的形狀後再冷凍，待麵團冰硬取出圓片造型，取下的圓片可直接使用。

POINT

使用方法請參見左頁作法 8 ～ 9。

裁切下來的脆皮酥菠蘿可放於冷凍庫中保存一個月，下次烤泡芙時可以直接使用。

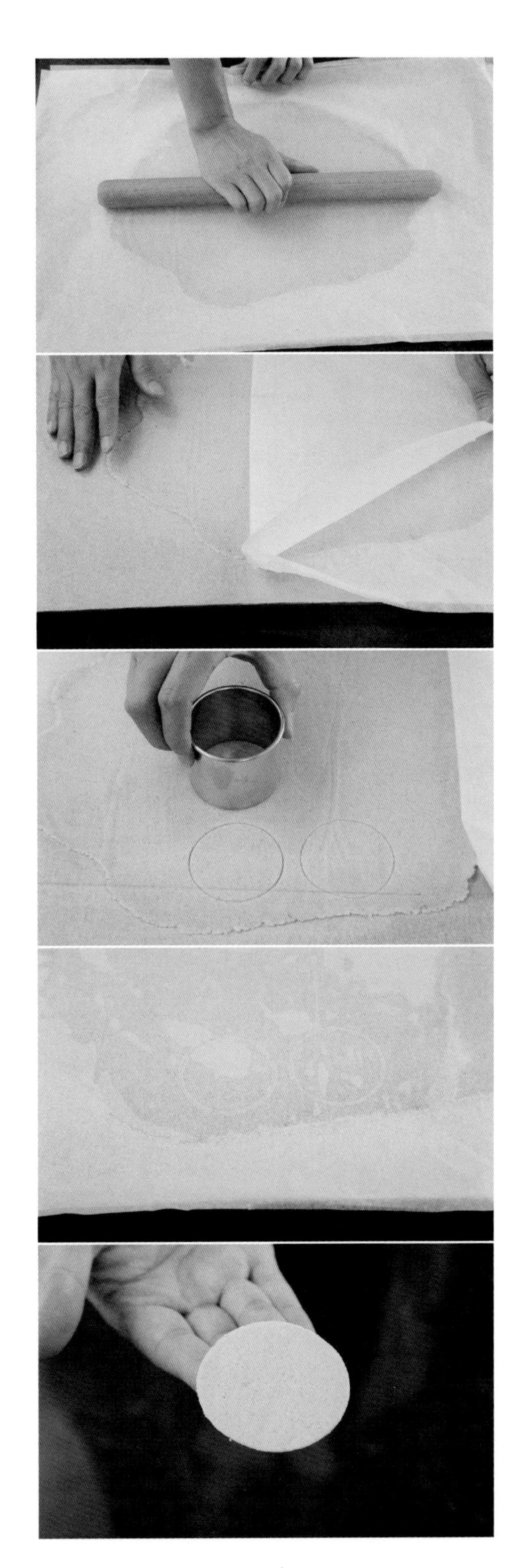

Dessert

40

花生香緹泡芙

Chou au Chantilly à la Cacahuète

花蓮的標誌性農產品莫過於花生了。產自於花蓮南方「鳳林」鎮的花生，產量不算多的花生小農，將花生製成各式各樣的產品如：花生豆花湯、含糖與無糖的花生醬、去皮花生等。甚至，最近開始製作起花生糖了！花生香緹運用完全不含糖的花生醬，在香緹上裝飾烘烤過的花生角，讓花生的濃郁風味再提升。

材料 INGREDIENTS

份量：示範 1 顆

花生香緹	公克
動物性鮮奶油	245
馬茲卡彭	82
無糖花生醬	30
細砂糖	24
總重	381

◀ POINT

參考 P.148 ~ 150 製作泡芙。

擠餡料花嘴：直向七星花嘴，開口 1.3 公分，這款是國外廠牌的花嘴，使用任意星形花嘴即可。

作法 METHOD

1 所有材料放入攪拌缸中，以球狀攪拌器打至 8 ~ 9 分發。

2 完成的打發香緹需盡快用完，冷藏存放時間勿超過一小時，不可冷凍保存。

3 組裝：擠花袋套上花嘴，裝入花生香緹餡，中心擠一點，再沿著周圍擠上兩圈。

4 中心灌入約 5 ~ 10 克含糖花生醬，四周以烤過的花生碎裝飾。最後放上裁切的泡芙頂蓋，撒上防潮糖粉，完成～

草莓外交官奶餡泡芙

Chou au Diplomat aux fraises

材料 INGREDIENTS

份量：示範 1 顆

草莓卡士達醬★		公克
A	鹽	1
	草莓果泥	250
B	蛋黃	60
	細砂糖（A）	60
	玉米粉（過篩）	25
C	無鹽奶油	25
	總重	420

草莓外交官奶餡		公克
D	動物性鮮奶油	200
	細砂糖（B）	20
E	草莓卡士達醬★	100
	草莓利口酒	10
	總重	330

POINT｜參考 P.148 ~ 150 製作泡芙。擠餡料花嘴：直向七星花嘴，開口 1.3 公分，這款是國外廠牌的花嘴，使用任意星形花嘴即可。

作法 METHOD

1. 草莓卡士達：有柄厚底鍋加入草莓果泥，中火拌煮，加熱至 40°C。
2. 鋼盆加入蛋黃、細砂糖（A）先以打蛋器拌至泛白，再加入過篩玉米粉繼續以打蛋器拌勻。
3. 將煮到 40°C 的草莓果泥一次倒入作法 2 中拌勻，再倒回有柄厚底鍋中。邊以打蛋器攪拌邊持續煮滾加熱，煮到開始糊化（糊化時攪拌會感覺阻力很強，此時還是要繼續拌，初學者可以離開火源，避免拌的不夠快燒焦，把糊化的部分拌均勻後再繼續回火上煮）、麵糊中的澱粉分子斷裂，分子的黏性降低，流性增強，麵糊開始發亮光滑。

4. 當卡士達醬煮至光滑與流性增強時，關火。加入無鹽奶油，利用卡士達的餘溫把奶油融化拌勻，拌至看不到奶油塊，奶油融化後卡士達口感會更好，表面更光滑。
5. 趁熱平鋪在烤盤上，並以保鮮膜貼面覆蓋，置入冷藏降溫約 30 分鐘冷卻。

POINT

可以變化卡士達為各種水果口味，例如香蕉、芒果等，但不能使用檸檬。

卡士達醬在烹煮過程中一定要將麵糊煮到澱粉分子斷裂（流性強、表面光滑發亮），接下來也一定要進行冷卻凝固才能運用。冷藏可保存 3 天，不可以放冷凍。冷凍保存的卡士達醬會產生「水分離結成冰晶」的現象，讓卡士達醬變質無法使用。

6. 草莓外交官奶餡：卡士達冷卻完成後再開始製作草莓外交官奶餡。動物性鮮奶油、細砂糖放入攪拌缸，以球狀攪拌器打發至 10 分發，表面硬挺。
7. 取 100g 冷卻的草莓卡士達醬以槳狀攪拌器打軟，加入草莓利口酒，用打蛋器快速打散拌勻。倒入作法 6 中，槳狀攪拌器中速拌 3 ~ 5 秒，拌勻即可裝入擠花袋備用。
8. 組裝：擠花袋套上星形花嘴，裝入草莓外交官奶餡，中心擠一點，再沿著周圍擠上兩圈。
9. 中心灌入約 5 ~ 10 克覆盆子果醬（可參照 P.205 製作。也可購買現成果醬），四周以乾燥草莓粒裝飾。最後放上裁切的泡芙頂蓋，撒上防潮糖粉，完成～

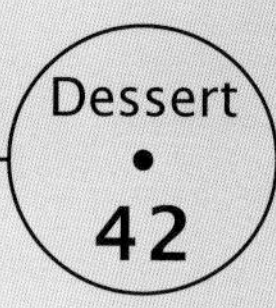

柚花奶餡白巧克力泡芙

Chou à la Ganache Montée au fleur de Pomelo et chocolat blanc

材料 INGREDIENTS

份量：示範 1 顆

柚花打發甘納許		公克
A	動物性鮮奶油	122
	乾燥柚子花瓣	2.3
B	細砂糖	12
	葡萄糖漿	12
C	白巧克力	40
	可可脂	14
D	動物性鮮奶油	183
	總重	385.3

柚花流心白巧克力醬		公克
A	動物性鮮奶油	127
	乾燥柚子花瓣	2.6
B	細砂糖	57
	葡萄糖漿	38
	轉化糖漿	19
C	白巧克力	36
	可可脂	5.2
	總重	284.8

POINT

參考 P.148 ~ 150 製作泡芙。擠餡料花嘴：直向七星花嘴，開口 1.3 公分，這款是國外廠牌的花嘴，使用任意星形花嘴即可。

作法 METHOD

1 **柚花打發甘納許**：將 A 區動物性鮮奶油煮滾，與乾燥柚子花瓣浸泡約 5 分鐘（用保鮮膜封住鋼盆，不用貼面，燜住讓味道釋放）。瀝乾柚花後，補回動物性鮮奶油的量。

POINT｜柚花只使用花瓣，不使用花蕊，因為花蕊會苦。浸泡時間不要太長，柚花泡久了苦味會出來，因此泡 5 分鐘就好了，只取柚花香氣。

2 將作法 1 柚花風味鮮奶油、材料 B 邊攪拌邊加熱至 85°C，呈現小滾狀態。一口氣倒入材料 C 中，以均質機均質。

3 加入材料 D 冰的動物性鮮奶油，再次以均質機均質。倒入容器，以保鮮膜貼面覆蓋，置入冷藏一晚冷卻。

POINT｜均質機刀頭是有區分地，一般分為：攪拌、切碎（乳化）與打發。其造型與功能對應如下：普通均質功能為「非刀片，相對鈍化的葉片造型」；切碎與乳化功能的為「刀片狀」；打發的為「網狀，打蛋器結構」。

挑選均質機時，選擇扁平較不易包覆空氣的罩口為佳。攪拌過程中，因為罩口扁平，空氣不易進入，攪拌物中會含有較少的空氣提高產品的保存期限，若為裝飾蛋糕用的鏡面，更可以達到平滑的表面而不致有氣泡孔洞。另外，攪拌機構造精密，應盡量避免摔落，或讓長桿部位撞擊的情況發生，否則軸心連結處十分容易脫落或斷裂，造成故障。

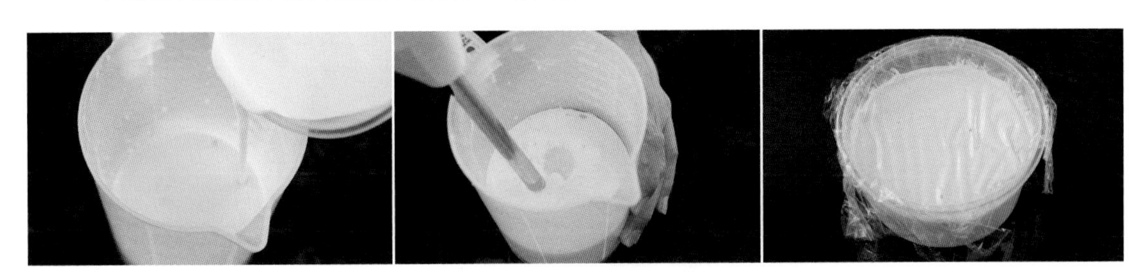

4 隔日將冷卻的作法 3 甘納許（質地會變得很像冰淇淋）倒入攪拌缸，以球狀攪拌器打發至可以擠花的質地，放入冷藏備用。

POINT｜未經打發的甘納奈許不可冷凍保存，打發後可以冷藏保存 5 天或冷凍 1 週。

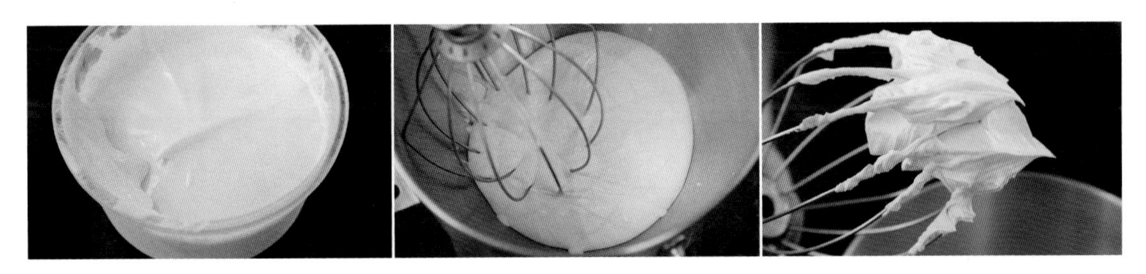

5 **柚花流心白巧克力醬**：製作流程同作法 1 ~ 2，僅材料 B 增加轉化糖。

6 **組裝**：擠花袋套上花嘴，裝入柚花打發甘納許，中心擠一點，再沿著周圍擠上兩圈。

7 中心灌入約 5 ~ 10 克柚花流心白巧克力醬，四周以糖漬柚子丁裝飾。最後放上裁切的泡芙頂蓋，撒上防潮糖粉，完成~

檸檬馬告巧克力泡芙

Chou à la Ganache Montée au Litsea cubeba et citron

特別以臺灣山胡椒馬告（學名：Litsea cubeba）入味的馬告辛香料特別適合與黑巧克力結合，再搭配檸檬風味，愈發凸顯風味上豐富的層次，流心的部分搭配濃郁絲滑的巧克力醬，讓品味時多一份驚喜與齒頰留香的記憶點。

材料 INGREDIENTS

份量：每顆使用約 50g 檸檬馬告打發甘納許 / 10~15g 的流心黑巧克力醬

檸檬馬告打發甘納許		公克
A	動物性鮮奶油	122
	細砂糖	12
	葡萄糖漿	12
B	黃檸檬皮絲	2.7
	馬告研磨粉	0.7
C	70% 黑巧克力	40
	可可脂	14
D	動物性鮮奶油	183
	總重	386.4

流心黑巧克力醬		公克
A	動物性鮮奶油	127
	細砂糖	57
B	葡萄糖漿	38
	轉化糖漿	19
C	可可粉	26
	黑巧克力	16
	總重	283

POINT | 參考 P.148 ~ 150 製作泡芙。擠餡料花嘴：直向七星花嘴，開口 1.3 公分，這款是國外廠牌的花嘴，使用任意星形花嘴即可。

作法 METHOD

1 **檸檬馬告打發甘納許**：材料 A 一同煮至 85°C，倒入材料 B 拌勻，邊攪拌邊再次加熱到 85°C，呈現小滾狀態。一口氣倒入材料 C 中，以均質機均質。

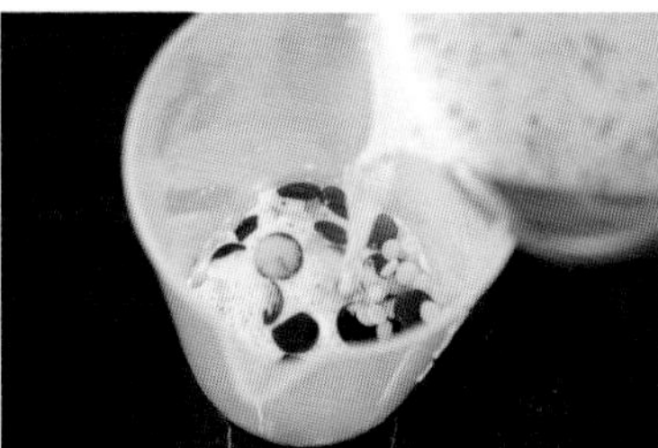
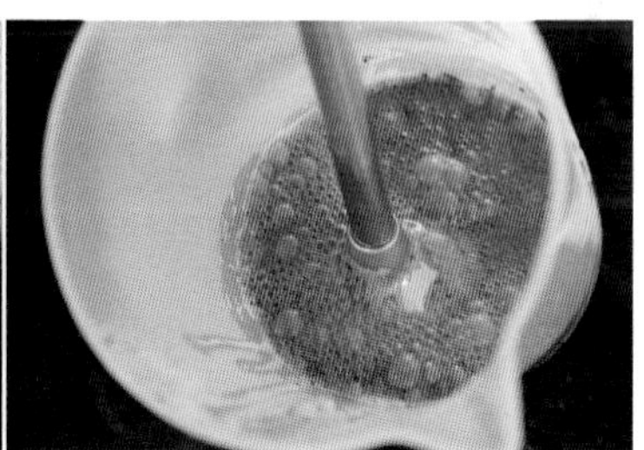

2 加入材料 D 冰的動物性鮮奶油，再次以均質機均質，把材料略為混勻即可，拌勻即可不要過度均質。

3 倒入容器，以保鮮膜貼面覆蓋，置入冷藏一晚冷卻。

4 隔日將冷卻的作法 3 甘納許（質地會變得很像冰淇淋）倒入攪拌缸，以球狀攪拌器打發至可以擠花的質地，放入冷藏備用。

POINT | 未經打發的甘納奈許不可冷凍保存，打發後可以冷藏保存 5 天或冷凍 1 週。

5 **流心黑巧克力醬**：將材料 A、B 一同煮至 85°C，沖入材料 C 中，以均質機均質，完成。

6 **組裝**：擠花袋套上花嘴，裝入檸檬馬告打發甘納許，中心擠一點，再沿著周圍擠上兩圈。

7 中心灌入約 10 ~ 15 克流心黑巧克力醬，四周以榛果蛋白霜餅（參考 P.185 製作）裝飾。最後放上裁切的泡芙頂蓋，撒上少許的防潮可可粉，Et voila ！完成~

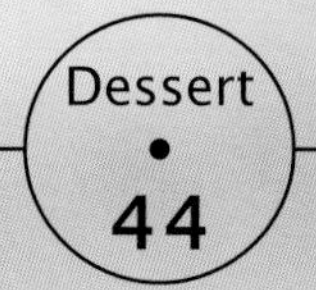

焦糖長濱鹽馬茲卡彭香緹泡芙

Chou au Chantilly au Caramel et fleur du sel

材料 INGREDIENTS

份量：每顆使用焦糖英式蛋奶醬香緹 50g / 海鹽焦糖奶油醬 10~15g

POINT 參考 P.148 ~ 150 製作泡芙。擠餡料花嘴：直向七星花嘴，開口 1.3 公分，這款是國外廠牌的花嘴，使用任意星形花嘴即可。

	焦糖英式蛋奶醬	公克
A.a	細砂糖	82
	葡萄糖漿	14
A.b	動物性鮮奶油（A）	68
	香草醬	1.2
	長濱海鹽	0.4
B.a	蛋黃	60
	細砂糖	14
B.b	動物性鮮奶油（B）	244
	吉利丁塊 ★	24
	總重	507.6
C	香緹 （動物性鮮奶油 10：細砂糖 1）	焦糖英式蛋奶醬兩倍量

	海鹽焦糖奶油醬	公克
A	細砂糖	66
	葡萄糖漿	66
B	動物性鮮奶油（C）	100
	長濱海鹽	1
C	無鹽奶油（切丁）	37
	總重	270

POINT 焦糖醬、英式蛋奶醬要有一定的量，否則會變成極難操作的煉獄難度。

「焦糖英式蛋奶醬＋香緹」比例是。熬煮完畢的焦糖蛋奶醬秤重，與其重量兩倍的香緹材料一同拌合。

作法 METHOD

1 **焦糖醬英式奶醬**：首先製作焦糖醬。把材料 A.a 用中火煮成深褐色焦糖，關火。

POINT｜加入葡萄糖漿是因為較好操作，如果只有砂糖，焦糖化的速度會相當快，容易燒焦。

2 材料 A.b 混合均勻，每次都加入少許至作法 1 中，立刻以耐熱橡皮刮刀盡快攪拌，緩緩加入，邊加邊勻，直到所有鮮奶油都倒完。要盡可能慢的邊加入邊攪拌，避免底部焦糖結塊。加入時也要注意安全，因為溫度差的關係，熱的焦糖內沖入冷的液態，材料會產生大量高溫蒸氣。

3 煮完的作法 2 焦糖醬倒入小容器均質，用保鮮膜貼面冷藏一晚（8 小時）。

4 **英式蛋奶醬**：在甜點裡面的地位跟卡士達醬一樣重要，有很多甜點的餡料、夾餡中的餡心常常用它，也可以和各式各樣的水果轉化跟運用。

5 鋼盆加入材料 B.a 以打蛋器拌勻。另外把材料 B.b 煮滾，緩緩沖入鋼盆內，邊倒邊以打蛋器拌勻，透過攪拌快速分散熱度。等材料完全拌勻後，再倒回原來煮鮮奶油的單柄鍋中。以小火加熱，邊加熱邊以橡皮刮刀在鍋底畫 8 字攪拌，避免鍋底的部分燒焦，煮至 83°C 關火，英式蛋奶醬就完成了。

6 **拌合「焦糖英式蛋奶醬」**：英式蛋奶醬溫度在 83°C 時加入作法 3 冷藏一晚的焦糖醬，以均質機均質。

7 待溫度低於低於 70°C，加入材料 B.c 吉利丁塊拌勻，再次以均質機均質。

POINT｜倒入溫度 35 ~ 70°C 皆可，若超過 70°C 吉利丁結膠能力會被破壞，溫度太低則材料質地比較濃稠，會拌不均勻。
吉利丁塊 ★：吉利丁粉 1：冷水 5 的比例混合均勻，讓吉利丁粉充分吸水，凝結成塊。

8 裝入容器，貼面覆蓋保鮮膜後，冷藏保存一晚（至少 8 小時），等待隔日使用。

9 **拌合「焦糖英式蛋奶醬 + 香緹」**：隔日取出焦糖英式蛋奶醬，與食材總量 2 倍的香緹，以球狀攪拌器中速攪拌拌合，拌勻即可，完成時刮缸並以刮刀再做一次輕柔的拌勻。打發完成時，醬料呈現淡咖啡色，且有打發的質地（偏硬）。

POINT｜假設【焦糖英式蛋奶醬】製作至作法 8 後，完成重量為 420g，則香緹需使用兩倍（840g），食材個別重量為：動物性鮮奶油 760g：細砂糖 76g。

10 打發完成的餡料需立即使用，醬料會隨著時間流性愈來愈強。

11 **海鹽焦糖奶油醬**：把材料 A 用中火煮成深褐色焦糖，關火。

12 材料 B 混合均勻，每次都加入少許至作法 11 中，立刻以耐熱橡皮刮刀盡快攪拌，緩緩加入，邊加邊勻，直到所有鮮奶油都倒完。要盡可能慢的邊加入邊攪拌，避免底部焦糖結塊。

13 加入材料 C 以均質機均質，裝入容器，以保鮮膜貼覆表面，冷藏一晚，隔日使用。

14 **組裝**：擠花袋套上花嘴，裝入焦糖英式奶醬加香緹，中心擠一點，再沿著周圍擠上兩圈。

15 中心灌入約 10 ~ 15 克海鹽焦糖奶油醬，四周以焦糖脆粒裝飾。最後放上裁切的泡芙頂蓋，撒上防潮糖粉，完成～

TOPIC

•

09

Cookies

餅乾

餅乾 Biscuit。以法式甜點的角度來研究，「餅乾」這個門類其實是沒有特定名稱的。記得在法國學習甜點的過程中，有專門上這些糖果、餅乾的一週課程，內容大概就是棉花糖 guimauve（做了幾種水果口味）、馬卡龍 macaron 以及蒙特利馬牛軋糖 nougat façon Montelimar，以及道地法式的「真」餅乾如貓舌餅乾 langues de chat、杏仁瓦片餅乾 tuiles aux amandes、椰子岩石餅乾 rocher au coco、布列塔尼酥餅 galette bretone、煙捲餅乾 cigarettes、曲奇[1]餅乾 sablés à la poche、佛羅倫丁 florentine、瑞士蛋白霜餅 meringue suisse，再進階一點，進入到糖果糕點 confiserie[2] 的門類，頓時整張地圖一下子放大了許多，進入到以水果醬料類的品項時，就增加了眾多口味的水果軟糖、果醬類與單純以「糖」製成的甜點。

法國甜點店提供的餅乾品項相當稀少罕見，提供最多的大概就是瓦片餅乾了。我思考為什麼法國糕點店不太販售餅乾品項，主要原因可能是因為大超市已經有玲瑯滿目的餅乾選項了，再者，超市中的餅乾品項可不侷限於法國餅乾，也有就近的英國奶油餅乾、義大利與德國甚至比利時的餅乾類別，相較之下，法國餅乾在風味與造型上相形失色了一些。實習的過程中，我接觸到的餅乾大部分都是瓦片居多，而且風味多種多樣，有巧克力、橘子以及原味杏仁的，餅乾大多容易受潮而影響口感，保存上也相當不容易，十分容易碰撞碎裂，我想這也可能是法國甜點店餅乾選項較少的原因。替代餅乾類的法式甜點也大有來頭，舉凡馬卡龍、水果軟糖與巧克力糖果 bonbon，也難怪餅乾在眾多法式小點中很難勝出，也容易被忽略。

但是話又說回來，餅乾的運用在法式甜點中卻相當廣泛。除了單純以餅乾呈現的樣貌外，最常使用的是塔類的甜點，大量運用甜塔皮 pâte sucrée（也是餅乾麵團的一種）為塔殼基底的甜塔品項比比皆是，如經典的檸檬塔、反轉蘋果塔、巧克力塔，運用的都是甜塔皮。另外，如布列登餅乾也常常運用在慕斯蛋糕中作為底部托住蛋糕整體，以及創造酥脆口感層次的重要角色。還有冰淇淋蛋糕中也常常運用烤到乾脆的達克瓦茲餅 dacquoise 與瑞士蛋白霜餅，作為冰淇淋蛋糕的底托與外表裝飾。除此之外還有大型工藝品常常用到的焦糖杏仁餅（純粹以焦糖與烘烤過的杏仁角拌混製作而成）結合焦糖泡芙的 Croquembouche，甚至還有國際級競賽。

臺灣因為深受日本文化的影響，已經將法式餅乾類慢慢調整成適合臺灣人的口味與樣貌，更方便攜帶與保存，能放在鐵盒或喜餅禮盒中工整販售。我們捨去了偏甜與重油的餅乾，更多朝輕盈、化口性佳為主軸地創作了數款餅乾，同時融入臺灣風土與在地食材。在研發這些餅乾的同時，我也將原本製作法式餅乾的精神導入在系列的主題中。

注[1] 曲奇。英文 cookie 來到了香港被翻譯成為了「曲奇」，其原意就是餅乾的意思，但是這款餅乾的配方較為特別，一般來說，曲奇餅乾配方中含水量極低，通常液態材料為蛋黃。

注[2] Confiserie 糖果門類。在法國，糖果門類雖為甜點的一環，但是分屬為獨立的一門甜點學科，如同「巧克力」也是一門甜點學科。而它的主要範疇產品為果醬（以單純糖製成的）、糖果、拉糖工藝品、水果軟糖等產品。

香鬆紅椒蔥酥條

Biscuit au jambon et paprika à l'oignon vert

運用花蓮在地享負盛名的「郭榮市火腿」入味的餅乾增添花蓮土地的情懷，西班牙紅椒粉讓顏色盛放，加入些許的辣椒粉化解單調的餅乾口味，最後以烘乾的三星蔥與起司粉延長後味的餘韻，這款餅乾真的會讓人一口接一口，停不下來。

材料 INGREDIENTS

份量：示範一盤

	材料	公克
A	無鹽奶油（室溫退冰）	112.5
	純糖粉（過篩）	50
	鹽之花	2.5
B	全蛋（室溫退冰）	22.5
C	帕瑪森起司粉	7
	辣椒粉	2.5
	紅椒粉	2.5
	郭榮市火腿肉鬆粉	14
D	莫札瑞拉乳酪絲	45
	乾燥蔥	3.3
E	低筋麵粉（過篩）	63.5
	T55 麵粉（過篩）	80
	總重	450.3

POINT｜怕辣可以把辣椒粉等比例換成紅椒粉。乳酪絲讓材料連結性更好，並且多出乳酪的濃郁質感。

作法 METHOD

1 攪拌缸加入無鹽奶油，慢速打軟、打散。加入過篩的純糖粉、鹽之花，以槳狀攪拌器低速拌勻，拌到看不到純糖粉，材料充分融合即可，注意不要打發奶油。

2 加入全蛋，槳狀攪拌器以中慢速攪拌，拌至乳化完成。

POINT｜槳會把奶油和砂糖切成小塊，蛋黃中的卵磷脂是天然的介面活性劑，讓所有材料結合，使食材乳化均勻。

作法 1　作法 2

3 加入材料 C 以慢速拌勻。加入材料 D 以慢速拌勻，材料都均勻拌合即可。

POINT｜郭榮市火腿肉鬆粉是把火腿乾燥再製成粉狀；肉鬆則會呈現肉條的纖維狀，口感不同。

4 加入過篩材料 E 慢速拌勻。以保鮮膜包起冷藏冷卻，冷藏一晚（最少 8 小時），鬆弛麵粉的筋性。低筋麵粉口感會硬，T55 較為酥脆、麥香味重，全用低粉就會像塔殼，需混搭一點 T55 調整口感。

作法 3　作法 4

5 冷卻完成的麵團退冰至 4°C，擀壓至 1.5 公分厚度，切成長 6× 寬 1 公分的長方體，擺上透氣矽膠烘焙墊，間距約 2 根手指。

6 送入預熱好的烤箱，以上下火 150°C 烘烤約 25 分鐘，待表面上色後即可出爐。

Dessert • 46

紅玉蜜香紅茶南特酥餅

Biscuit Nantes au thés noirs (Honey flavored black tea & Hong-yu)

南特餅的特色與基礎是以「布列塔尼酥餅」galette bretone 為主，但是與之相異的點是南特的液態材料以蛋白取代，而非蛋黃。蛋白沒有風味，因此我們添加了臺灣特有的兩款紅茶入味，並且加入稍加研磨的茶葉凸顯口感，讓餅乾在一入口的瞬間便香氣滿溢。

材料 INGREDIENTS

份量：示範一盤

	材料	公克
A	無鹽奶油（室溫退冰）	95
	純糖粉（過篩）	60
B	蛋白（室溫退冰）	13
C	T55 麵粉（過篩）	60
	低筋麵粉（過篩）	75
	杏仁粉（過篩）	60
D	蜜香紅茶葉碎（過篩去除粗梗）	9.6
	蜜香紅茶粉	1.8
	紅玉紅茶粉	1.8
E	蛋黃液（表面塗抹裝飾用）	適量
	總重	376.2

作法 METHOD

1 攪拌缸加入無鹽奶油，慢速打軟、打散。加入過篩純糖粉，以槳狀攪拌器低速拌勻，拌到看不到純糖粉，材料充分融合即可，注意不要打發奶油。

2 加入蛋白，槳狀攪拌器以中慢速攪拌，拌至乳化完成。

POINT｜如果水量過多，蛋白要乳化極其困難。蛋白的含水量是 95%，糖會抓蛋白中的水，就可以混合，水不要超過糖可以吸收的量，因此蛋白的量要控制好。

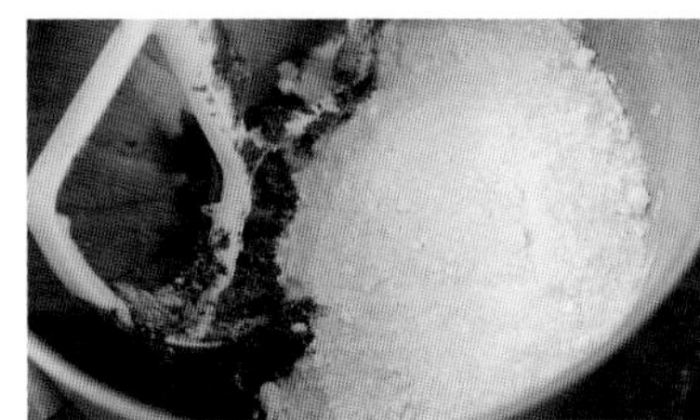

3 加入材料 D 慢速拌勻。茶葉可以凸顯質地，讓產品更有茶的感覺。

POINT｜研磨茶葉可以用任何機器，但最後使用前最好再篩過，把太粗的梗都篩掉。

4 加入過篩材料 C 慢速拌勻。以保鮮膜包起冷藏冷卻，冷藏約 4 小時，鬆弛麵粉的筋性。低筋麵粉口感會硬，T55 會脆，全用低粉就會像塔殼，需混搭一點 T55 調整口感。

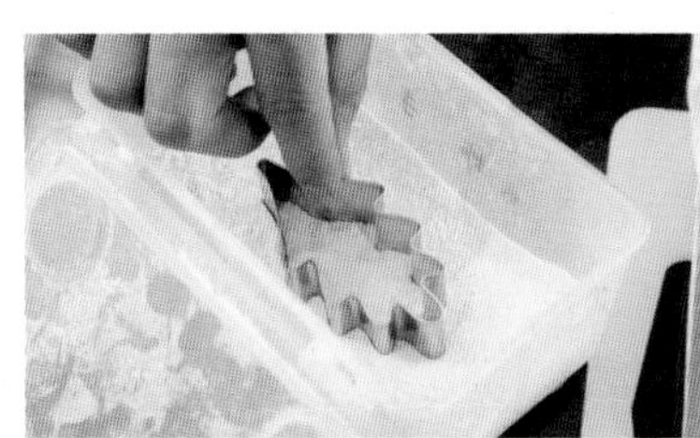

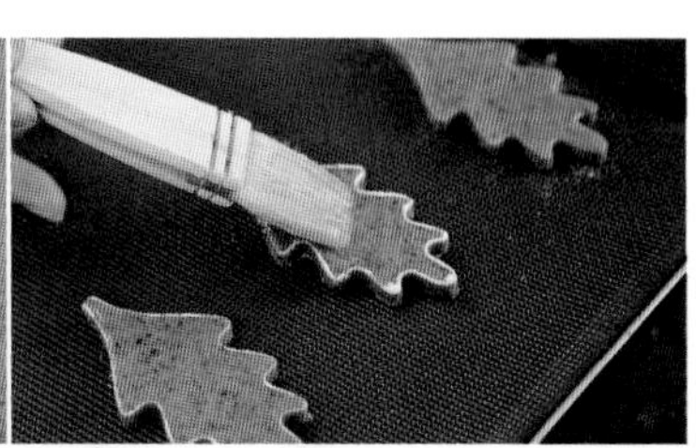

5 冷卻完成的麵團退冰至 7°C，擀壓至 0.5 公分厚度，模型先沾高筋麵粉（防止沾黏），再轉壓餅乾造型，擺上透氣矽膠烘焙墊間距約 2 根手指，刷上薄薄蛋黃液，用叉子在表面劃出紋路。

6 送入預熱好的烤箱，以上下火 150°C 烘烤約 22 分鐘，待表面上色後即可出爐。

長濱鹽花黑巧酥餅

Biscuit au fleur du sel et chocolat noir

這款類似於港式曲奇的餅乾增添了以黑巧為主調，而臺東長濱鹽花與黑糖粉（讓甜味更有層次）為配角的奇妙平衡，最後為了創造口感，也加入了許多切碎黑巧碎，讓享用時能夠明顯感受巧克力的存在感，最末以鹽味再次提升巧克力的風味。

材料 INGREDIENTS

份量：示範一盤

	材料	公克
A	無鹽奶油（室溫退冰）	97
	細砂糖	35
	長濱海鹽	1.3
	長濱黑糖粉（過篩大塊部分）	17
	海藻糖（過篩）	9.3
B	蛋黃（室溫退冰）	20

	材料	公克
C	可可粉（過篩）	18
	低筋麵粉（過篩）	150
	70% 黑巧克力（切碎）	60
D	長濱海鹽	適量
	總重	407.6

作法 METHOD

1 攪拌缸加入無鹽奶油，慢速打軟、打散。加入剩餘材料 A，以槳狀攪拌器低速拌勻，拌到看不到黑糖粉，材料均勻混合（此階段細砂糖不會融化）。

2 加入蛋黃，槳狀攪拌器以中低速攪拌，拌至乳化完成。

POINT｜槳會把奶油和砂糖切成小塊，蛋黃中的卵磷脂是天然的介面活性劑，讓所有材料結合，使食材乳化均勻。

3 加入材料 C（除了 70% 黑巧克力碎）慢速拌至看不見粉粒，加入 70% 黑巧克力碎，拌至均勻散布於麵糊中。保鮮膜包起冷藏冷卻，冷藏約 4 小時，鬆弛麵粉的筋性。

4 冷卻完成的麵團退冰至 7°C，擀壓至 0.8 公分厚度，模型壓出餅乾造型，中心撒長濱海鹽裝飾，用湯匙稍微把鹽壓入麵團（略固定住），擺上透氣矽膠烘焙墊，間距約 2 根手指。

5 送入預熱好的烤箱，以上下火 150°C 烘烤約 22 分鐘，待表面上色後即可出爐。

POINT｜可可粉「鹼化 Dutched/Alkalized」與「未鹼化」差在哪？巧克力原豆研磨成可可膏後，再經過壓榨技術將其中的可可脂壓濾出，剩餘的可可渣固態成分經過乾燥、研磨粉碎成粉狀，即成為「100% 可可粉」，是巧克力製程中的副產物。乾燥後的可可粉因為製作條件的不同，顏色差異大，從紅棕色到接近黑色的深褐色都有。甫研磨成粉的可可粉味道最香濃，有明顯的苦澀酸味，不容易溶解在水中，但是如果再經過鹼化處理，則更能夠讓口感更滑順，顏色呈現更明顯的紅棕色，風味柔和也更具可溶性，方便做成巧克力相關產品或飲料。

可可粉的等級差別，源自可可脂含量與鹼化加工。以經過鹼化（Dutched）與天然可可粉（natural cocoa powder）做比較：❶ 天然可可粉：顏色紅棕；香氣淡；成本較低；酸鹼值 5.2 ~ 5.8，主要用途為蛋糕或餅乾等產品。❷ 鹼化可可粉：顏色深褐；香氣濃；成本高；酸鹼值 6.2 ~ 7.5，主要用途為飲品、冰品類產品。

可可粉的品質由高至低以「可可脂」的含量做區分。最高級品為 22% 以上（又稱為「防潮可可粉」），高級為 18% 正負 2%，普通標準 12% 正負 2，次級品 10% 以下。可可粉中的可可脂含量愈高時，其可可香氣愈強烈，因此可可粉以可可脂含量高者為等級愈高。

檸檬薑香

Speculoos au citron au gingembre

以瑞士出名的 Speculoos（坊間餅乾廠牌「蓮花 Lotus 餅乾」）為基礎，將其中肉桂替換成臺灣在地的薑粉，並以新鮮的黃檸檬皮絲平衡薑的辛辣味，創造出輕盈又充滿異國情調的風味，這是一款臺灣版的 Speculoos，搭配臺灣茶一起享用，更顯獨特韻味。

材料 INGREDIENTS

份量：示範一盤

	材料	公克
A	無鹽奶油（室溫退冰）	100
	二砂糖	100
	細砂糖	30
B	全蛋（室溫退冰）	20
C	薑粉	5.6
	黃檸檬皮絲	4.4
D	低筋麵粉（過篩）	180
E	全脂鮮奶	8
F	二砂糖（裝飾）	適量
	總重	448

作法 METHOD

1 攪拌缸加入無鹽奶油，慢速打軟、打散。加入剩餘材料 A，以槳狀攪拌器低速拌勻，拌到材料均勻混合，此階段兩種砂糖不會融化。

2 加入全蛋，槳狀攪拌器以中速攪拌，拌至乳化完成。

POINT｜槳會把奶油和砂糖切成小塊，蛋黃中的卵磷脂是天然的介面活性劑，讓所有材料結合，使食材乳化均勻。

3 加入材料 C 慢速拌勻。加入過篩低筋麵粉慢速拌勻，拌至看不見粉粒。倒入全脂鮮奶，慢速拌勻至看不見液體。

4 保鮮膜包起冷藏冷卻，冷藏約 4 小時，鬆弛麵粉的筋性。

5 冷卻完成的麵團退冰至 7°C，擀壓至 0.5 公分厚度，切成長 5 × 寬 3 公分的長方片，疊起，側面塗水沾附二砂糖，一片一片擺上透氣矽膠烘焙墊，間距約 2 根手指。

6 送入預熱好的烤箱，以上下火 170°C 烘烤約 15 ～ 17 分鐘，待表面上色後即可出爐。

花生醬花生酥餅

Meringue à la cacahuète

以蛋白霜餅為基礎延伸創作的蛋白霜餅乾。融入花蓮鳳林的花生為元素，加入花生粉、花生角與花生醬，讓蛋白霜的風味不再單調。貌似馬卡龍組合的蛋白霜餅烤乾以後，夾上濃郁的花生醬，不只提升了花生的風味，也創造出另一種層次的口感，試試看，你一定會愛上它！這款餅乾也可以搭配其他不同種類的堅果進行變化創作。

材料 INGREDIENTS

份量：示範一盤

	材料	公克		材料	公克
A	蛋白（常溫）	100	D	熟花生角（裝飾）	適量
B	細砂糖	44	E	糖粉（裝飾）	適量
	乾燥蛋白粉	1.4	F	花生醬（內餡黏合）	適量
C	花生粉	26		總重	448
	糖粉（過篩）	28			
	低筋麵粉（過篩）	44			

作法 METHOD

1 攪拌缸加入蛋白，球狀攪伴器低速攪打至出現粗泡泡，一次下材料 B（細砂糖混合乾燥蛋白粉），打至呈現乾性發泡質地，表面光澤感較少，整體呈現微乾的狀態。

POINT　加入乾燥蛋白粉（「伊那寒天 C-300」使用量 0.5%~3% Max.）可以幫助穩定打發蛋白。拌合過程切勿攪拌過頭而消泡了，消泡的蛋白餅中間容易不熟、濕黏。

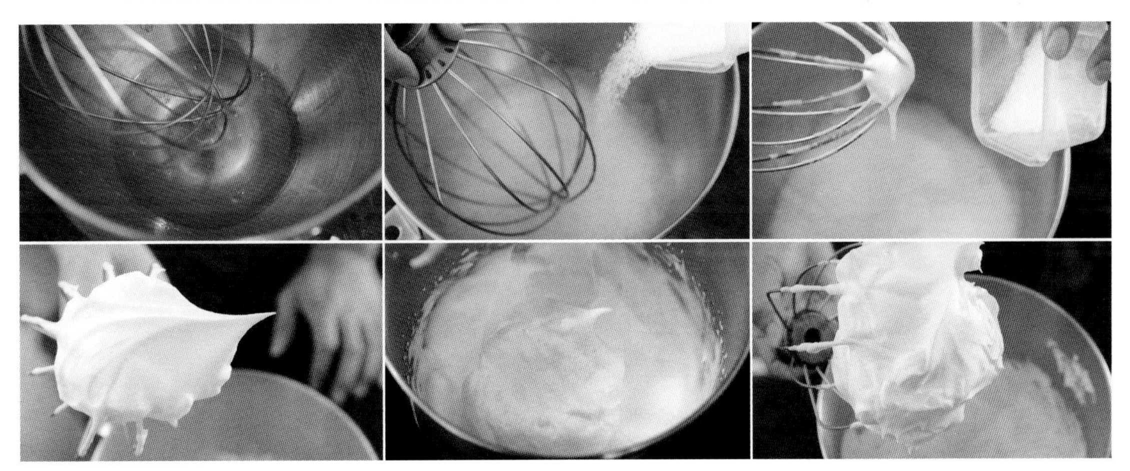

2 加入過篩材料 C，以橡皮刮刀輕柔拌合到蓬鬆的狀態。

3 裝入擠花袋，在烤焙紙上擠球形（或自己喜愛的形狀），個體之間大小落差不要太大，每個擠 3.5 ~ 4g，間距約 3 根手指。

4 表面依序撒熟花生角，篩糖粉。順序不能相反，若先篩糖粉，花生角就黏不上去了。

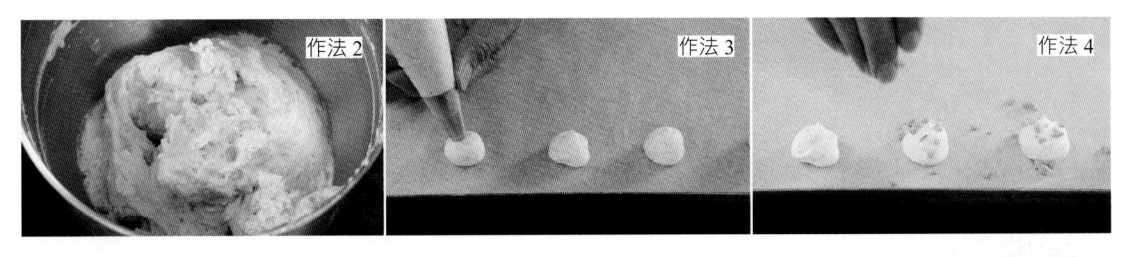

5 送入預熱好的烤箱，以上下火 160°C 烘烤約 25 分鐘，待整體上色後即可出爐。

6 出爐後放涼。輕輕剝離烤焙紙，中心擠少許花生醬，黏合兩片餅乾，完成~

TOPIC
•
10

Tarte Sucrée
甜塔

法式甜點的品項中，甜塔類別一定是甜點店的首選與必備產品。而且，通常它最能代表店家的特色與風格。甜點愛好者一進到甜點店，大多時候都會挑最經典的「檸檬塔 tarte au citron」入門品嚐，一探店家的實力與功夫。甜塔類別除了檸檬塔以外，還有堪稱法式古早味的「反轉蘋果塔 tarte tatin」與巧克力塔 tarte au chocolat，除此之外，也有大量的水果如草莓、覆盆子或洋梨以「塔」之名佔據甜點店蛋糕展示櫃一大區塊。

甜塔的碰觸始於法國進修期間，還記得在學校的第一堂課開門見山就是甜塔。而且是最傳統的法式家常「洋梨塔 tarte bourdaloue」。從甜塔皮的製作與鬆弛，等待適合操作後擀壓，接著在塔框內抹上奶油、封入塔皮以及去掉多餘的塔皮，每一個動作與技巧背後都是原理 / 理論，只為了最終完美呈現塔殼本身。上課過程中，主廚曾言「塔殼就是甜塔的靈魂。」而這句話一點都不為過，塔殼的狀態與外觀可以判斷一位甜點師傅對於塔皮配方的掌握，如果「封」塔技術不佳，塔殼甚至無法使用（缺邊、變形導致無法填入餡料）。配方製作方法有誤，會導致塔殼易碎、過硬，嚴重者外觀殘破。法式甜點學程選擇洋梨塔入門著實是上選，因為洋梨塔困難度不高，而且又可以洞察法式甜點對於食材與技術的要求與原因，兼顧成就感與認知（食材原理）確實一舉兩得！

在甜塔的學習與製作上讓我不斷成長與精進的莫過於在臺灣的工作。當我接受了兩次實習後，在甜塔的製程上我沒有感到太多的衝擊，也許是店家本身對甜塔沒有刻意琢磨，也不是店家本身的主力產品。回到臺灣後，實際在甜點廚房工作才驚艷原來甜塔可以認真複雜，可以寓意深刻，還能造型百變。

印象深刻，當時在臺灣瑪歌尼尼 Pierre Marcolini 工作時，有幸跟主廚與瑞士籍的副主廚 Florian 學習，了解在檸檬塔中也可以加入多種層次的「檸檬」變化體如蛋糕體、檸檬蛋白霜與糖漬檸檬等，讓整體口感更豐富。還有家喻戶曉的巧克力塔，看似平凡，但對於巧克力塔殼中的「甘納許」極端講究的主廚，非常著重溫度與化口性，也再次刷新我對巧克力塔的概念。經過這次體驗，甜塔類別似乎可大可小的觀念在這時候開始慢慢動搖了我，「如果可以繁雜，為什麼要簡單？」的聲音在我心中悄然而生，在甜點的世界中「化繁為簡」並不一定是最佳選項，如果可以品嚐到更多層次的豐富的口味豈不更好？只要味道能被引導而出，能跟其他的風味平衡交融。

創立邊境的十年之間我們研發了各式各樣的甜塔，將這些甜塔製作的寶貴經驗與心得匯集在書中，呈現最完美的一面。屹立不搖的檸檬塔佔據甜塔的寶座，還有黑巧克力塔與綠茶塔，當然還有回憶當初在法國的經典傳統洋梨塔。結合了季節水果，「邊境」也曾經使用過草莓、藍莓、焦糖蘋果、無花果、蜜漬洛神花，甚至是軟柿子入塔，以及冬季常見的栗子蒙布朗。五花八門的甜塔是甜點師傅最好發揮的平台與載體，只要有食材，沒有創造不出來的甜塔，而它所創造出來的繽紛色彩恰恰好為甜點櫃增添了季節性的色彩，也為整間店換上了新的衣裳。

BASIC

基底甜塔皮製作（原味 & 巧克力）

材料 INGREDIENTS

甜塔皮		公克
A	低筋麵粉（過篩）	276
	糖粉（過篩）	138
	鹽（過篩）	1
B	無鹽奶油（7 ~ 10°C）	138
C	全蛋（常溫）	92
	總重	645

巧克力甜塔皮		公克
A	低筋麵粉（過篩）	113
	糖粉（過篩）	48
	鹽（過篩）	0.5
	杏仁粉（過篩）	15
	可可粉（過篩）	7.5
B	無鹽奶油（7 ~ 10°C）	75
C	全蛋（常溫）	25
	總重	284

作法 METHOD

1　攪拌缸放入材料 A，加入切成約 3 公分立方體的材料 B 無鹽奶油，以槳狀攪伴器低速攪拌粉與油，進行沙布列 Sablage 作法。

POINT

建議使用冷藏奶油，奶油控制在 7 ~ 10°C 之間會最好，非冷藏奶油很快會融入麵粉，當奶油跟麵粉結合在一起就不會變成沙狀結構。

這個步驟的沙布列作法，在攪拌過程中會慢慢產生沙狀結構，槳逐漸把奶油切碎，越切越小、越切越小，最後變得像沙子一樣的時候，外圍全部被粉類覆蓋，變得很像一顆一顆的沙，這些沙會呈現奶油色澤，很像奶粉的顏色。所以拌勻後還存在「粉塊」是不行的，要處理至所有的粉包著非常細碎的油，用手檢查一下還摸不摸的到油塊。

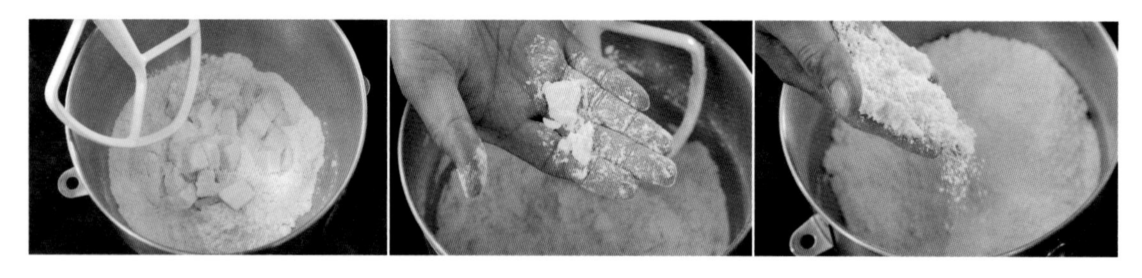

2　麵團成為沙狀後，一口氣倒入材料 C 全蛋，繼續以低速攪拌，一旦攪拌成團即可停止。過度攪拌麵團會變得非常黏，不好操作。

POINT

這個步驟只要拌到材料黏合在一起就好了，千萬不要過度攪拌，一旦過度攪拌，又破壞了這個結構。

做甜塔皮有兩種方式，一個就是我們使用的「沙布列」，一個是糖油法。糖油法，就是把奶油打軟，加糖粉拌合，然後再下蛋乳化，最後加麵粉，這叫糖油法。這樣做出來的塔皮整體偏向酥脆、酥鬆，有點像餅乾的配方，其實很多大部分的餅乾會用這個手法。

沙布列的作法塔殼會比較硬脆，和裡面的餡本身有口感上的落差，塔皮我希望它堅固一點，否則稍微碰撞就裂掉了。

3　將麵團從缸中取出，以兩片保鮮膜包覆，前後稍微擀長，取左右兩邊摺回，擀麵棍擀約 1 ~ 1.5 公分厚度，再把上下保鮮膜封起，略擀一下，冷藏一晚。

POINT｜擀的時候如果有發現還有奶油塊、沒拌散的粉，要把那一塊拿掉，否則塔殼做好後，拿起來時容易從那一個區域破掉，導致整顆破碎。

當天打好的塔皮是無法使用的，塔皮中含有大量麵粉，會有很強的筋性，麵筋遇到高溫會收縮，如果把塔皮直接整形拿去烤，會發現它收縮的特別劇烈。在法國實習時，同學想在金頭公園 tete d'or parc 野餐吃下午茶，我立刻捏了一個甜塔皮想做檸檬塔，結果當天做的甜塔皮烤出來全部變成披薩，整個塔形都變平了，由此可知，冷藏鬆弛步驟真的不能省略。

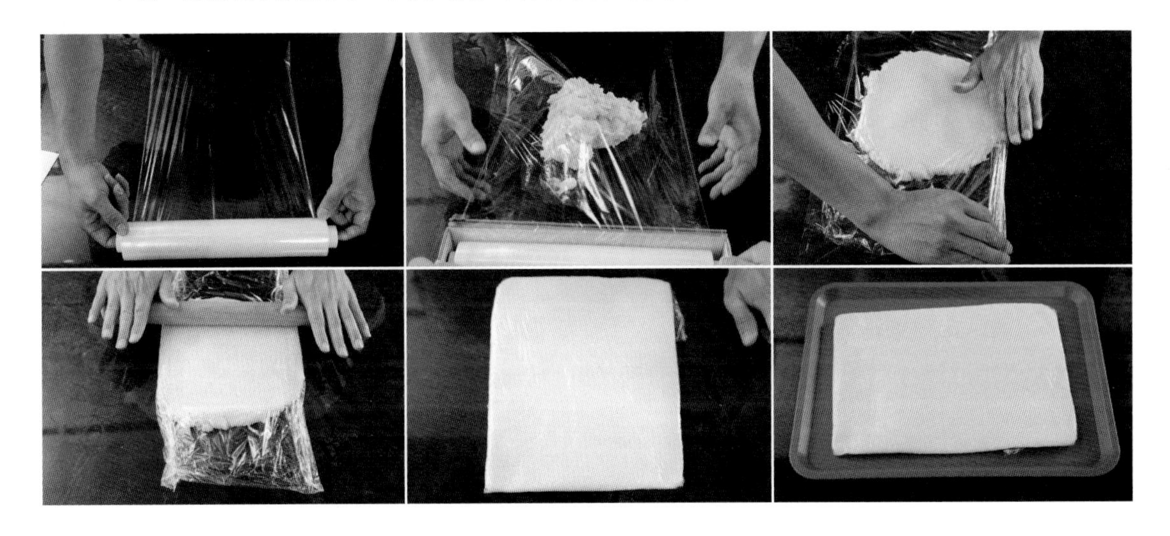

★ 塔皮的整形入模→烘烤

4　隔日將麵團取出撒上手粉（高筋麵粉），在低溫環境下擀平至厚度 1.5 毫米，模具壓出圓片，以袋子妥善蓋起放入冷凍 10 分鐘，等待封入塔框。

POINT｜壓模的塔框要比封入的塔框直徑多 1 ~ 1.2 公分。

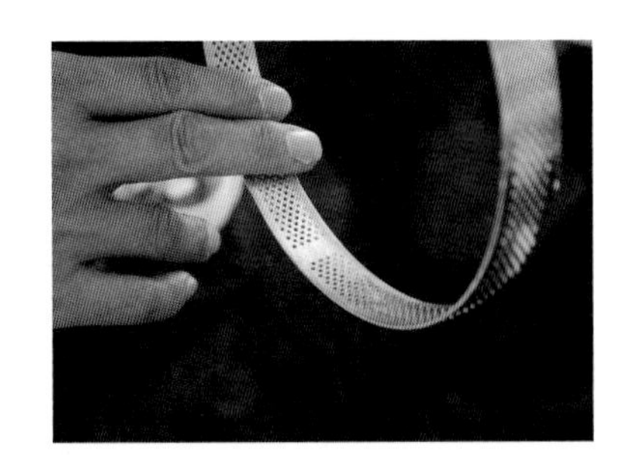

5　塔框內層以軟化奶油（配方外）仔細塗抹。桌面撒手粉，放上模具，再放上塔皮，一點點捏合，倒過來檢查塔皮的底部，可以看到塔框邊緣跟塔皮是有孔隙的，這個孔隙當塔皮受熱後，皮會往下掉，會影響烤出來的形狀。因此要再翻回正面，盡可能用指尖把塔皮壓進邊縫。

POINT｜塔皮的操作軟硬度要跟牛皮一樣，這樣的軟硬度是最棒的。

6　用小刀割掉多餘塔皮，割的時刀柄抵住桌面，刀片與塔框呈 30 ~ 45 度角，另一手轉動塔殼，平穩地刮掉。再做一次捏入的動作 → 再割 → 再做，就完成了。

7　放上底部鋪上透氣矽膠烘焙墊的烤盤，送入預熱好的烤箱，以上下火 170°C 烘烤約 17 分鐘，塔殼上色後即可出爐。冷卻放涼，頂端不規則處，可用刨皮刀磨平。

POINT｜
烘烤好的塔殼需放入密封容器中，並丟入乾燥劑，防止塔殼因空氣中的水氣受潮。

「割的時刀柄抵住桌面」有一角的皮就會比原本塔框高，烘烤時高的塔皮往下掉，烤出來就會是自然平整的模樣，這是法式甜點中非常重要的細節，若烤出不平整的塔，老師還會玩笑著說這不是「塔」，是「派」~

現在我們烤塔殼不會壓「重石」，以往會用重石是為了避免塔殼膨脹，塔的底部突起不平整。現在取而代之改用「透氣矽膠烘焙墊」。布滿洞洞的網墊，空氣可以從網墊的孔隙中跑掉，底部便不會產生隆起的現象，常常使用網墊來烤千層派皮，也是這個原因。

【原味】 六吋圓塔殼	【巧克力】 小圓塔殼	【原味】 小圓塔殼	【原味】 方形塔殼
直徑 15 × 高 2 公分 廠商「一法」的洞洞框	直徑 7 × 高 1.6 公分 模具型號：SN3216	直徑 7 × 高 2 公分 洞洞框型號：SN3181	長 7 × 寬 7 × 高 2 公分 私人訂製方框

四款塔殼製作流程同上，我們以「六吋圓塔殼」示範。

★ 蛋糕基底製作：杏仁達克瓦茲蛋糕

材料 INGREDIENTS

甜塔皮		公克
A	蛋白（22~26°C）	125
	細砂糖	125
B	杏仁粉（過篩）	125
C	純糖粉（表面）	適量
	總重	375

作法 METHOD

1 攪拌缸要非常乾淨，不可有油脂或水。下蛋白，用球狀攪拌器中速打至有粗泡泡。

POINT｜蛋白溫度介於 22~26°C，因為 26°C 時打發的膨脹率最佳。

2 下 1/3 細砂糖，轉中速打至約濕性發泡；下第二次細砂糖，打到中性發泡，呈現光澤有鳥嘴狀；下剩餘細砂糖，高速打至乾性發泡。

POINT｜
會從原本濕濕水水的狀態，打到光滑有堅挺感，細砂糖共分三次下，做成法式蛋白霜。分三次加入是為了讓蛋白狀態越來越穩定，一開始用中速，最後才用高速。

比例蛋白 1：細砂糖 1 的蛋白霜，就是所謂的法式蛋白霜，是最簡單的蛋白霜。

法式傳統的達克瓦茲就只有這三種材料，近代日本把達克瓦茲發揚光大後，在裡面加入其他可以穩定配方的材料，改良了配方。

3 加入過篩杏仁粉，透過橡皮刮刀輕輕拌合，由底部朝上翻拌，拌到沒有發現粉塊即可。

4 烤盤鋪烤焙紙，紙的四角各剪一刀，讓紙更貼平烤盤。倒入麵糊抹平，麵糊厚度約 1 公分，在表面篩一層純糖粉進行烘烤。

POINT｜
配方量剛好是營業用烤盤面積的 1/3，家用的一張烤盤，烤盤大小大約是長 40× 寬 30 公分，是可以做的，不過烤盤尺寸是一回事，更重要的是「麵糊厚度」。

篩糖粉是為了讓蛋糕體烤出來更高一點，因為這個產品的配方沒有麵粉，麵粉裡面的麵筋是支撐蛋糕的骨幹，蛋糕體會膨脹是因為裡面有水氣，沸騰時帶動整個蛋糕膨脹，一旦溫度掉下來時則會塌下來，因此我們需要一層糖粉讓水氣保留在蛋糕體內幫助蛋糕成長，烤熟後才不會坍塌下來。

5 送入預熱好的烤箱，以上下火 170°C 烘烤約 12 ~ 14 分鐘，蛋糕表面上色即可出爐。

6 出爐的蛋糕放到涼架上放涼。放涼後表面墊烤盤紙、烤盤，翻轉整個蛋糕。撕下跟蛋糕一起烘烤的那張烤焙紙。表面再放一張烤焙紙，蓋上烤盤，再次翻轉整個蛋糕，把蛋糕翻正。

POINT｜脫模蛋糕一定要等冷卻，熱熱的脫模，蛋糕體會黏在上面。

7 此時就可以開始裁切了，我們會裁切成 3 公分片狀使用，要保存的話可以用保鮮膜包起來冷凍，因為蛋糕體水分非常容易溢散。

★ 甜點基底內餡
基礎卡士達醬 & 卡士達杏仁奶油餡

材料 INGREDIENTS

	基礎卡士達醬 Crème pâtissière	公克
A	蛋黃	60
	細砂糖	60
	玉米粉（過篩）	25
B	鮮奶	250
	新鮮香草莢	0.5 根
C	無鹽奶油	25
	總重	420

	卡士達杏仁奶油餡 Frangipane	公克
A	無鹽奶油（軟化）	125
	糖粉（過篩）	125
	杏仁粉（過篩）	125
B	全蛋	125
	低筋麵粉（過篩）	25
	蘭姆酒	15
C	卡士達醬 ★	100
	總重	640

作法 METHOD

1 **基礎卡士達醬**：新鮮香草莢不一定每支形狀都一樣，可以先用刀背把整個形狀順一下，橫向剖開，用刀子剔出香草籽，與香草莢外皮一起放入鮮奶中煮滾。

POINT 香草莢主要品種有大溪地、馬達加斯加，價格落差大，香氣也差非常多。馬達加斯加香氣偏醺漬過的氣味；大溪地的香氣則是花香帶一點甜甜的風味。用剩的香草莢可以放在糖罐子裡，讓砂糖吸收香草的氣味，只要用一點點就好了（因為大溪地香草莢較為粗大）。

2 乾淨鋼盆加入蛋黃、細砂糖，加入砂糖後快速拌勻，再加入過篩玉米粉拌勻。

3 邊加入作法 1 鮮奶，一邊以打蛋器快速攪拌。拌勻後回到爐上以中火加熱持續攪拌，注意鍋邊不要燒焦，此時卡士達醬中的麵粉會開始「糊化」，變濃稠。持續加熱攪拌，澱粉分子將開始斷裂，開始讓卡士達醬有光澤且具流動性。

POINT 麵粉遇到沸騰的水會開始「糊化」，變得很黏稠，此狀態會隨溫度提高而逐漸明顯，很多人會在此時停下，但正規卡士達醬必須繼續烹煮，此時部分的澱粉分子會開始斷裂，黏性開始下降，麵糊變的光亮且流性變佳，整個煮的過程要拿打蛋器不停攪拌，若沒有拌很容易底部燒焦。

從原本的糊化狀態，煮到澱粉分子完全斷裂，從原本的消光狀態，煮到光亮且流性佳，這樣就表示澱粉分子完全斷裂了。

POINT｜整個煮的過程會完全沸騰，建議新手用中火煮就好，不要用大火，感覺駕馭不了時直接把鍋子離火快速拌勻，若感覺燒焦便立刻換鍋子，可以補救些許。

4　停止加熱後，加入無鹽奶油拌勻。質地原本還有一點稠，但加了奶油之後質地會更滑順。

5　倒到鐵盤上，用刮刀把新鮮香草莢上的卡士達刮下，輕輕鋪開，保鮮膜貼面冷卻，

POINT｜冷藏過的卡士達使用前要以打蛋器或刮刀打軟成泥狀。冷卻後的卡士達會結塊凝固而無法直接使用，必須要將材料還原成泥狀運用。

6　卡士達杏仁奶油餡：攪拌缸加入無鹽奶油，以槳狀攪拌器慢速將奶油打軟，待奶油軟化後倒入過篩糖粉，慢速拌勻。

7　材料充分融合後加入過篩杏仁粉，持續以槳狀慢速攪拌，拌至均勻融合，有點呈現膏狀。

8　分次緩慢地倒入全蛋，邊攪拌邊分次倒入，每次都要等全蛋被麵糊吸收，才加下一次。當全蛋都融合進去後，加入過篩低筋麵粉，持續以槳狀慢速攪拌。

9　把冷藏後的卡士達醬、蘭姆酒拌勻融合，加入作法 8 慢速拌勻。拌勻的杏仁餡裝入容器，以保鮮膜貼面覆蓋，冷藏放置一晚，即可使用。

POINT｜冷藏後質地會變得非常像冰淇淋，要到這樣的質地才能拿來灌餡。

傳統的杏仁奶油餡只有自己單純的風味，加入卡士達增加層次，有時還可以把蘭姆酒換成（微量）的橙花水或玫瑰露，像這樣的餡料還會用在國王派 Galette des rois 中，國王派通常會用卡士達杏仁奶油餡。

波達露洋梨塔

Tarte bourdaloue

洋梨經過糖漿浸泡一晚後，便可將洋梨的經典香氣引領出來。透過卡士達杏仁餡（frangipane）的襯托提味，放入生塔殼後一起烘烤，出爐後在表面綴以鏡面果膠與少許糖粉裝飾，就是法國家喻戶曉的家常餐後甜塔。

材料 INGREDIENTS

份量：示範一個

總材料	公克
原味六吋圓塔殼（P.176 ~ 178）	1 個
卡士達杏仁奶油餡（P.180 ~ 181）	145
糖水漬洋梨 ★	適量
鏡面果膠	適量
烤熟杏仁片	適量
防潮糖粉	適量

糖水漬洋梨★	公克
細砂糖	1350
水	1000
新鮮洋梨	適量

POINT 洋梨大小不太一樣，只要能擺出像是海星的五角形狀即可。糖漬時糖水要足夠把洋梨淹過。

作法 METHOD

1. 糖水漬洋梨：洋梨去皮切半，剔除核心。單柄厚底鍋加入細砂糖、水中大火煮滾，離火。
2. 待糖水冷卻至 50°C，將作法 1 洋梨完全浸入糖水，並以保鮮膜貼面覆蓋，冷藏一晚即完成。
3. 組合：作法屬於「生塔生餡」。取尚未烘烤的六吋圓塔殼，擠入高度占模具一半的卡士達杏仁奶油餡（約 145g），替換成任何模具都是擠模具高度的一半。

4. 糖水漬洋梨切薄片鋪入，擺成六角光芒狀。放上底部鋪上透氣矽膠烘焙墊的烤盤，送入預熱好的烤箱，以上下火 170°C 烘烤約 35 ~ 40 分鐘，杏仁餡表面上色即可出爐。

5. 出爐放涼，冷卻後在洋梨塔表面刷一層鏡面果膠，撒烘烤過的杏仁片，局部篩上防潮糖粉，完成～

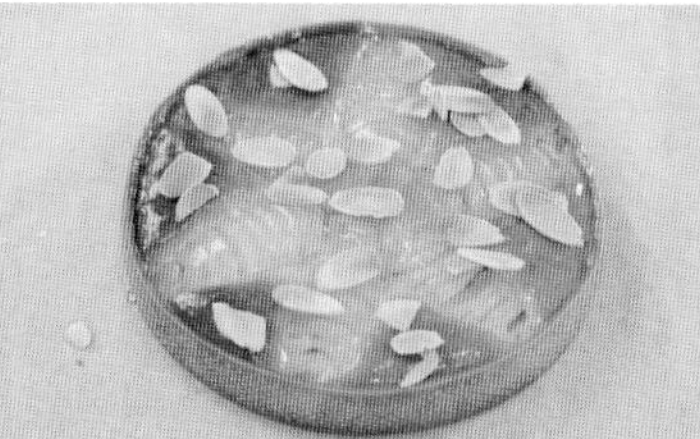

蒙布朗栗子塔

Tarte Mont-Blanc

材料 INGREDIENTS

份量：示範一個

總材料	公克
原味小圓塔殼（P.176 ~ 178）	1 個
卡士達杏仁奶油餡（P.180 ~ 181）	25
香草打發甘納許 ★	1 模
栗子餡 ★	適量
榛果蛋白霜餅 ★	適量
防潮糖粉	適量
糖水栗子 / 糖漬栗子	10
食用金箔	適量

	香草打發甘納許★	公克
A	動物性鮮奶油（A）	91
	細砂糖	9.3
	葡萄糖漿	9.3
B	馬達加斯加新鮮香草莢	0.5
	白巧克力	30
	可可脂	11
C	動物性鮮奶油（B）	137
	總重	288.1

作法 METHOD

1 香草打發甘納許：單柄厚底鍋倒入材料 A（新鮮香草莢取籽使用），加熱至 85°C，邊煮邊以橡皮刮刀攪拌，煮至小滾。

2 沖入材料 B 中，以均質機均質。倒入冷的材料 C，再次以均質機均質，這次的均質只要拌勻就好。以保鮮膜貼面覆蓋，置入冷藏冷卻一晚。

3 隔日將冷藏甘納許倒入攪拌缸，以球狀攪拌器打到 3 ~ 4 分發。烤盤放上造形圓錐形矽膠模（型號 PX022），灌入甘納許，灌好後以手托著烤盤，另一手手掌輕拍烤盤數下，讓甘納許更平整。冷凍至成形。

POINT｜甘納許不可以是常溫或熱的，打發的材料一定要是冰的。這款不用打到非常發，需要它是慕斯質地的狀態，因此打到 3 ~ 4 分發即可。

栗子餡★		公克
A	含糖栗子泥	80
B	蘭姆酒	8
C	無糖栗子泥	80
D	栗子抹醬	80
E	無鹽奶油（溫度 22°C）	16
	總重	264

POINT｜栗子餡若因總量太少調理機打不到，建議改為 2 ～ 3 倍量操作。

榛果蛋白霜餅★		公克
A	蛋白（A）	50
	細砂糖	50
B	糖粉	50
	榛果粉	50
C	蛋白（B）	35
	二砂糖	40
	榛果碎	5
	總重	280

4 栗子餡：桌上型調理機打碎材料 A，加入材料 B 再次拌打至均勻，加入材料 C 打勻。

5 加入材料 D 打勻，加入材料 E 拌至滑順。如果一次全部加下去打，材料的質地會無法那麼細膩，變得一顆一顆的，所以才要加一次打一次。

6 裝入容器後，以保鮮膜貼面冷藏保存一晚，隔日即可使用。

7 榛果蛋白霜餅：蛋白溫度介於 22~26°C，因為 26°C 它的膨脹率最好。攪拌缸要非常乾淨，不可有油脂或水。下蛋白（A），用球狀攪拌器中速打至有粗泡泡。

8 下 1/3 細砂糖，轉中速打至約濕性發泡；下第二次細砂糖，打到中性發泡，呈現光澤有鳥嘴狀；下剩餘細砂糖，高速打至乾性發泡。

9 材料 B 混合過篩，加入作法 8 中，以翻拌摺疊手法輕柔地拌勻。

10 倒入鋪有烤焙紙的烤盤抹平，送入預熱好的烤箱，以上下火 150°C 烤 35 分鐘，放涼切碎。

POINT｜翻過來看一下有沒有烤熟，並且掰碎，熟了的蛋白餅可以輕易掰碎，沒有熟的會整個餅彎曲，需要再烤一下。確認烤熟後把蛋白餅切碎。

11 將材料 C 與切碎的作法 10 稍作拌合，在鋪有烤焙紙的烤盤上以 165°C 烘烤 5 分鐘，再調整 110°C 烘烤 5 分鐘，烤箱時間到後不取出，繼續放在烤箱一晚，用餘溫烘乾。

POINT｜不需拌到成團，只要略拌到蛋白抓住食材即可，之前嘗試過，若是一整顆進去烤，烤完會外熟內生，這款我想呈現它酥鬆的狀態，因此也不會用拌到成團壓平的方式。拌勻的步驟基本上是讓蛋白盡可能均勻地裹住食材，倒到烤盤紙上，用橡皮刮刀把它鬆散地壓開，每顆之間略有間隙也無所謂，我想呈現的正是這種鬆脆感。

12 隔日從烤箱中取出，稍作剝碎放入密封容器中常溫保存。

13 組合：作法屬於「生塔生餡」。取尚未烘烤的小圓塔殼，擠入高度占模具一半的卡士達杏仁奶油餡（約 25g），替換成任何模具都是擠模具高度的一半。

14 放上底部鋪上透氣矽膠烘焙墊的烤盤，送入預熱好的烤箱，以上下火 170°C 烘烤約 25 ～ 30 分鐘，杏仁餡表面上色即可出爐，放涼。

15 抹適量栗子餡，放上錐形香草打發甘納許。擠花袋套擠花嘴（三能 TIP-235 花嘴），裝栗子餡，繞著錐形體擠數圈。篩防潮糖粉，點綴榛果蛋白霜餅、糖漬栗子、金箔。

Dessert • 52

瑞穗綠茶柚子塔

Tarte au yuzu et matcha

綠茶粉與抹茶粉是差別不大的食材，只有在製作的過程中不太一樣而已。臺灣綠茶粉是用烘乾方式製作；日本則會用蒸的把茶葉蒸熟，再低溫乾燥。就顏色上來說，烘乾的臺灣綠茶粉顏色會比較暗黃；日本的抹茶則更青綠，更飽和一些，有些日本抹茶粉會再添加天然「小綠藻」增色。

花蓮瑞穗是文旦柚子與蜜香紅茶的故鄉，茶葉自然也是當地盛產的大宗。運用瑞穗的綠茶粉（因製程與日式抹茶粉不同故名「綠茶粉」）入味，搭配白巧克力製成甘納許，塔的最底部鋪上糖漬柚子皮與達克瓦茲，增添豐富的滋味口感。

材料 INGREDIENTS

份量：示範一個

總材料	公克
原味方形塔殼（P.176 ~ 178）	1 個
杏仁達克瓦茲蛋糕（P.179）	1 片
檸檬且洛酒	適量
瑞穗綠茶甘納許 ★	50
防潮抹茶粉	適量
糖漬柚子皮丁	適量
食用金箔	適量

	瑞穗綠茶甘納許★	公克
A	白巧克力	189
	可可脂	27
B	瑞穗綠茶粉（過篩）	16
	全脂奶粉（過篩）	18
C	動物性鮮奶油	128
	轉化糖	31
D	無鹽奶油	40
	總重	449

作法 METHOD

1 **瑞穗綠茶甘納許**：單柄厚底鍋加入材料 A，中火加熱融化，融化溫度注意不要超過 40°C。

POINT
❶ 牛奶巧克力：總可可固形物含量最少為 25%，非脂肪可可固形物（巧克力風味來源）比例至少 2.5%，其他是可可脂。油脂來源還有奶粉裡的奶油，剩下都是糖，所以他的巧克力風味沒有苦甜巧克力來的濃烈，奶味很重。
❷ 白巧克力：沒有可可固形成份，只有可可脂、砂糖、奶粉。而代可可脂巧克力，是增加植物性油脂，巧克力味道會被其他植物性油脂影響，有時會吃不到真實的巧克力風味，但為什麼要發明呢？因為方便操作，也就是免調溫巧克力，免調溫就是加入代可可脂巧克力，因為加入植物油脂後破壞了可可脂的結晶規則，所以不用調溫，凝固結晶後表面也不會出現不恰當的分離現象。

2 材料 B 一同過篩，加入作法 1 以均質機均質，充分拌勻。

POINT
超過 40°C 的白巧克力會有燒焦味，產生蛋白質結塊現象，吃起來一顆一顆的。溫度 50°C 則會影響茶的風味與顏色。

3 材料 C 一同煮至 50°C，沖入作法 2 中，再次以均質機均質。顏色會從淺綠轉為深綠，材料溫度高一點顏色會更深。

4 等待降溫至 38°C，加入材料 D 等待 30 秒讓材料稍微融一下，以均質機均質。

POINT
加入奶油後風味質地更佳。添加轉化糖漿是為改良甘納許的延展性，如果配方中只有糖、巧克力、茶粉，它的延展性不會那麼好，結晶後容易斷裂，甘納許表面產生龜裂。

5 **組合**：作法屬於「熟塔熟餡」。取烘烤完畢的方形塔殼。在塔的底部抹上少許葡萄糖（配方外）作為黏著劑，先放上一塊杏仁達克瓦茲蛋糕，蛋糕體表面抹少許檸檬且洛酒。

POINT
甜塔底下的料若不夠重就會浮起來（比如質地輕的蛋糕體），所以達克瓦茲要找一個媒介讓它黏在塔皮上，使用葡萄糖，鏡面果膠都可以。

6 鋪上糖漬柚子皮丁，倒入瑞穗綠茶甘納許（約 50g），放入密封容器中冷藏一晚。隔日表面篩防潮抹茶粉，點綴糖漬柚子皮丁、金箔完成。

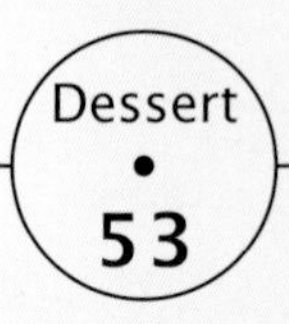

經典檸檬塔

Tarte au citron

層層堆疊的檸檬塔用到檸檬餡 crème au citron、抹上檸檬切落酒的達克瓦茲，表面佐以經典的炙燒檸檬風味義式蛋白霜，再放上一片自釀的糖漬檸檬切片，就是邊境元老級的經典甜點：檸檬塔。

材料 INGREDIENTS

份量：示範一個

總材料	公克
原味小圓塔殼（P.176 ~ 178）	1 個
杏仁達克瓦茲蛋糕（P.179）	1 片
檸檬甘洛酒	適量
檸檬餡 ★	適量
鏡面果膠	適量
義式蛋白霜（P.205 ~ 206）	適量
糖漬檸檬	適量
食用金箔	適量

POINT　該頁作法 6 不用加色膏，本身打出來就會是白色噜。

檸檬餡★		公克
A	綠檸檬汁	125
	細砂糖	150
	全蛋	175
B	無鹽奶油（切丁）	150
	綠檸檬汁	125
	總重	725

作法 METHOD

1　**檸檬餡**：這款是非常傳統的檸檬餡作法，完全不加吉利丁。檸檬的處理要把整顆檸檬拿去壓，這樣榨出來會有檸檬精油、少許的纖維。綠檸檬（萊姆）偏酸，原始配方用黃檸檬。

2　單柄厚底鍋加入材料 A，以打蛋器拌勻（或用均質機均質）。用中小火開始加熱，過程中不斷以打蛋器攪拌（沒有拌的話底下會變成蛋花湯）。一開始，檸檬餡表面會起細密的膨脹泡泡，不是攪拌起泡，而是加熱後的起泡。接著泡沫開始下降、變得濃稠，色澤轉為暗沈、深黃。

3　鋼盆加入材料 B，把煮好的作法 2 過篩倒入，並以均質機均質。製作好的檸檬餡倒入容器，以保鮮膜貼面覆蓋，冷藏保存一晚，即可使用。

POINT　剛剛製作好的檸檬餡具有流性，但隨著冷卻，奶油會結晶，會變得愈來愈硬，達到能夠塗抹的程度。可以用密封容器裝盛，放在冰箱中的冷藏區備用。或放在冷凍庫中保存，要使用的前一天晚上再拿到冷藏退冰使用即可。

4　**組合**：作法屬於「熟塔熟餡」。取烘烤完畢的小圓塔殼。在塔的底部抹上少許葡萄糖（配方外）作為黏著劑，先放上一塊杏仁達克瓦茲蛋糕，蛋糕體表面抹少許檸檬甘洛酒。

5　小抹刀取適量檸檬餡抹上蛋糕中心，朝一側抹開，重複這個手法做出微尖丘狀的檸檬餡，放在密封容器中冷凍一晚。

6　隔日，於塔的邊緣抹鏡面果膠（中心不抹），中心處擠上義式蛋白霜（水滴形花嘴：INOX 30），以噴燈炙燒。糖漬檸檬片剪一刀，前後扭轉，在蛋白霜正中心位置放上。點綴金箔完成。

POINT　檸檬餡表面抹上鏡面果膠可以防止乾燥，若沒有抹，冷藏一天之後檸檬餡表面將產生龜裂紋路，並與塔殼微微分離。

巧克力塔

Tarte au chocolat noir

這款純粹表現巧克力的甜塔當中，以單純的黑巧克力甘納許為主要元素，放置在紅酒櫃或冷藏室一晚之後，徹底將香氣與巧克力塔殼相互融合。因為甘納許經過恰當的結晶，化口性特佳，絲滑的口感會讓你驚艷不已。

材料 INGREDIENTS

份量：示範一個

黑巧克力甘納許★		公克
A	動物性鮮奶油	90
	葡萄糖漿	20
B	70% 黑巧克力	100
	牛奶巧克力	75
C	無鹽奶油	25
	總重	310

黑巧克力亮鏡面★		公克
A	水（A）	80
	細砂糖	136
	動物性鮮奶油	72
B	可可粉（過篩）	60
C	吉利丁粉（銀吉）	9.6
	水（B）	58
	總重	415.6

作法 METHOD

1 黑巧克力亮鏡面：單柄厚底鍋加入材料 A 一同煮至 40 ~ 50°C，關火。

2 加入過篩可可粉略拌一下，讓可可粉跟鮮奶油大致均勻，再以均質機均質融合（均質過程盡量不要打出氣泡），刮刀確認底部沒有黏材料。

3 再次加熱，過程中以打蛋器畫圓攪拌鍋底防止燒焦，煮至 95°C 後持續再煮 30 秒，目的是讓水分再蒸發一下，避免煮好的鏡面太稀，30 秒後關火。

4 把材料降溫至 70°C 以下，加入事先拌勻的材料 C 吉利丁塊拌勻。裝入容器，以保鮮膜貼面冷藏保存一晚備用。

POINT | 加入吉利丁要降溫到 70°C，70°C 以上吉利丁的凝結效果會被破壞。
這個配方剛做好的鏡面流性太強，淋什麼都會掉下來，所以才要冷藏。
隔天微波一下，使用溫度約 35°C，想要更細膩就拿均質機打一下，注意打的時候不要打出氣泡。

5 黑巧克力甘納許：單純只用黑巧克力甜味少，所以搭配牛巧提升甜味與奶味，食材流性也比較好。單柄厚底鍋加入材料 A，中火加熱至 85°C，邊煮邊以橡皮刮刀刮過底部攪拌，煮至呈現小滾。

6 材料 B 放在一起，一口沖入所有作法 1 食材，等待約 30 秒，以均質機拌勻。

7 降溫至 38 ~ 40°C 時加入材料 C 奶油，再次以均質機均質乳化，乳化完成的甘納許質地會發亮、滑順柔滑。奶油本身融化溫度是從 26°C 開始。如果不降溫，立刻倒入只會「融化」，無法達到「乳化」效果。做到這個步驟就完成嚕！

POINT | 做甜點的黑巧克力建議用 60 ~ 72%，50 ~ 65% 適合做布朗尼，做塔類會偏甜。

8 組合：作法屬於「熟塔熟餡」。甘納許完成後，立即倒入烘烤完畢的小圓塔殼，每個倒約 30g（倒入 2/3 的塔殼高度），放入密封容器，置入冷藏冷卻一晚（如果可以放在 17 ~ 18°C 的紅酒櫃更好）。

9 隔日，將黑巧克力亮鏡面微波加熱至 35°C，以均質機均質（均質時注意不要讓鏡面中產生氣泡），倒在甘納許上方薄薄的一層（略呈表面張力），接著再篩上防潮可可粉，點綴堅果碎、金箔。

TOPIC • 11

Quiche
鹹塔

STORY • 邊境故事館．．鹹塔篇

在學習與製作甜點的過程中，我時常納悶這個問題：為什麼鹹塔是歸類在甜點的門類當中，而不是餐餚體系中呢？

鹹塔興起於法國東北方洛林地區。在法國甜點店或麵包店都可以看見它的身影，據傳法文中鹹塔「quiche」的字源其實是來自於德語中的「Kuchen」，也就是糕點的意思。洛林省區接近北邊第三區，因為與德國接壤，生活語言也受到德文的影響，「Kuchen」的發音在當地漸漸轉變為「küche」的德式法文發音，Quiche 的寫法與發音油然而生。

甫接觸法式甜點的課程中，深深覺得鹹塔壓根不算在正規課程內，也許是因為他根本是「鹹」食，怎麼能夠跟「甜」點混為一談？再者，鹹塔這個門類，也只有大名鼎鼎的「洛林鹹塔 Quiche Lorraine」被奉為經典圭臬，歸納在正規課程的配方中。印象中，鹹塔課程大家還即興地做起比薩和以布里歐許 Brioche[1] 為基礎的三明治，打算把這一天當作嚴格甜點課程中的「放風」日。天然地，鹹塔這門知識也被輕描淡寫地帶過了。直到學校課程畢業，進入實習職場之後，我才見到鹹塔玩轉的多變風味與廣大的市場需求。

在第一間實習甜點店我就見識到了「鹹點」在甜點店也佔有相當重要的一席之地。首先，在我所實習的甜點店每週都有一整天的時間製作以餐點為主軸的 Quiche，而且不只有洛林，還有菠菜、和其他可能融合了當地特色產品的鹹塔口味，另外還有三明治（以歐式麵包為主體，切開後在中間放入醃燻肉、莎拉生菜與醬料等），甚至有時候接了頗具規模的餐酒外燴，主廚還會為此特別設計為數不少的鹹甜點，而當中一定少不了鹹塔。也因此，甜點店中常常會有一位特別會「料理」的跨界甜點師傅，掌管鹹甜點的創意發想與統籌、製作。第二間實習的甜點店將這個重責大任交付給了地方上享負盛名的 Traiteur[2]，專心將甜點產品細分，並設立獨立的工作室。回到臺灣後，雖然任職於甜點店，但是老闆不甘只賣「甜」的，也要求我們嘗試製作許多正規餐餚，有時候是沙拉伴隨馬卡龍夾煙燻鮭魚，有時候是千層派皮夾番茄醬與 Pesto 青醬佐嫩煎雞胸肉再放入糖漬檸檬（奧！原來糖漬檸檬也可以這樣運用），經歷過這一系列的鹹甜交錯與訓練，讓我腦洞大開，原來餐飲人的思維不該只被侷限在「只做甜」的領域，而是可以靈活運用生活周遭，隨手可得的食材或元素，讓風味與層次更跨維度的展開，讓人更驚艷，更有記憶點！

開創自己的甜點店後，大量接觸花東地區的在地食材，當然不是只有甜的，有更多的時候是餐餚上的肉類與蔬菜，我都想要將他們揉合進法式甜點中。讓不同的組合產生更多火花與創意激盪。像是花蓮的鹹豬肉可以取代洛林鹹塔中的煙燻培根 lardon；飛魚乾 / 新鮮飛魚也可以搭配焦糖洋蔥一起放入鹹塔，或者拌炒野菇搭配自製的羅勒青醬與培根一起作成料理。除了以「鹹塔」為載體外，我們也曾嘗試使用千層派皮做盛器，夾入馬鈴薯泥；以切開的脆皮泡芙作為碗裝入道地的牛肝菌菇燉飯佐月桂葉啤酒燉牛肉。這樣天馬行空的玩味，突破框架的挑戰各種食材，漸漸地，甜點的框架疆界被打開了，鹹塔像是甜點世界中的一扇小門，給了一個通往更寬闊料理世界的通道。

注[1] Brioche 布里歐許麵包。與 viennoiserie 維也納式麵包都被歸類在甜點中的一款麵包門類，奶油含量極高、香氣十足，又被稱作是富人的麵包。

注[2] Traiteur 熟食店，外帶餐點店。在法國街頭常見的熟食店，一般不提供座位區，貌似臺灣的自助餐廳。

BASIC

基底鹹塔皮製作

材料 INGREDIENTS

鹹塔皮 Pâte Brisée		公克
A	低筋麵粉	250
	鹽（過篩）	5
	糖粉（過篩）	5
	無鹽奶油（7 ~ 10°C）	125
B	全蛋（常溫）	60
	總重	445

POINT

麵團冷凍保存約可存放 1 個月。使用前一晚移動至冷藏放置。

隨著時間增加，麵團顏色會愈來愈深灰暗沉，冷藏最多可放一週，建議盡快使用完。

作法 METHOD

1 攪拌缸放入混合過篩的低筋麵粉、鹽、糖粉，加入切成約 3 公分立方體的無鹽奶油，以槳狀攪伴器低速攪拌粉與油，進行沙布列 Sablage 作法。

POINT

建議使用冷藏奶油，奶油控制在 7 ~ 10°C 之間會最好，非冷藏奶油很快會融入麵粉，當奶油跟麵粉結合在一起就不會變成沙狀結構。

這個步驟的沙布列作法，在攪拌過程中會慢慢產生沙狀結構，槳逐漸把奶油切碎，越切越小、越切越小，最後變得像沙子一樣的時候，外圍全部被粉類覆蓋，變得很像一顆一顆的沙，這些沙會呈現奶油色澤，很像奶粉的顏色。所以拌勻後還存在「粉塊」是不行的，要處理至所有的粉包著非常細碎的油，用手檢查一下還摸不摸的到油塊。

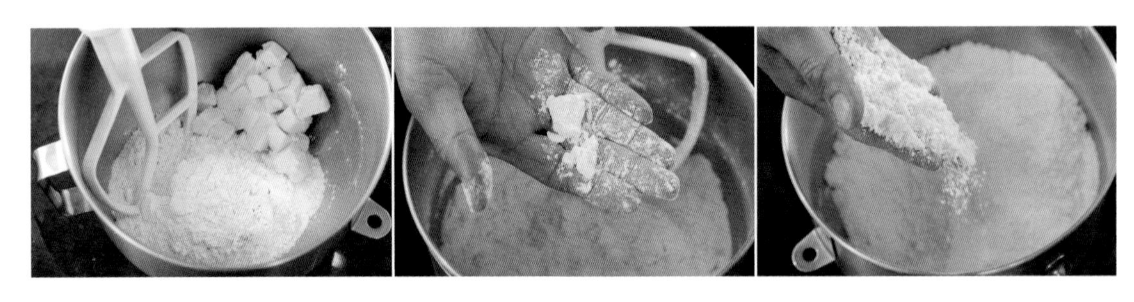

2 麵團成為沙狀後倒入全蛋，繼續以低速攪拌。只要打到雞蛋把材料抓住即可，一旦攪拌成團即可停止，過度攪拌麵團會變得非常黏，不好操作。

POINT

這一款的奶油含量高，奶油中會含有水分，攪打的時後要注意，不小心會把水也打出來，到時候材料就都黏在一起了。

3　取出麵團，先用手做初步整形，再用另一張保鮮膜蓋起來，前後略擀一下，再把左右保鮮膜收摺，略擀一下；把上下保鮮膜摺起，擀平，整體擀約長寬公分。透過保鮮膜貼面方式，包裝存放在冷藏庫中。

POINT｜配方中可以加一點水。看使用什麼區域的麵粉，亞洲區的不太需要補，歐系的粉為了讓麵粉不容易長蟲會處理到水含量較低，但麵粉太乾，麵團的連結性就會不好（比較鬆散），所以會需要補水。

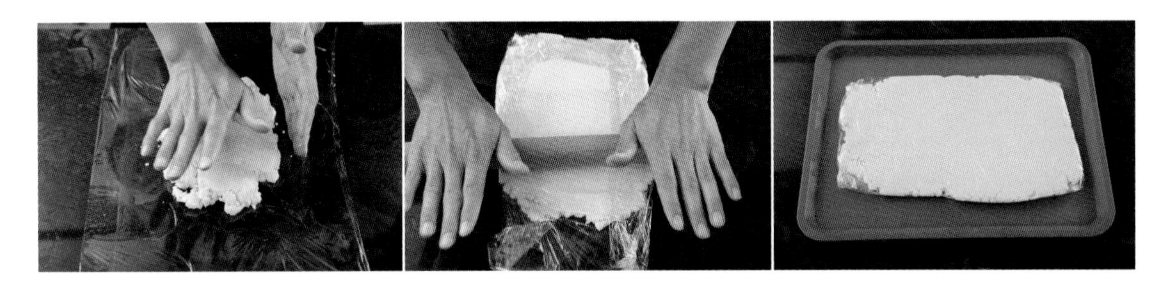

4　使用前一天將麵皮放入冷藏退冰，在低溫環境下擀平至厚度 1.5 毫米，模具壓出圓片。

5　塔框內層以軟化奶油（配方外）仔細塗抹。桌面撒適量手粉（高筋麵粉）防止沾黏，麵皮輕捏入模，底部不要求直角，表面也不用用刀子割掉，不把塔皮上端削掉可以裝更多餡。

POINT｜壓模的塔框要比封入的塔框直徑多 1 ~ 1.2 公分。

★ 萬用「蛋奶醬」製作

材料 INGREDIENTS

	蛋奶醬 Appareil à quiche	公克
A	全蛋	103
B	動物性鮮奶油	108
	鮮奶	36
C	鹽	適量
	黑胡椒粉	適量
	總重	247

POINT｜保存方式：
蛋奶醬保存務必要用保鮮膜貼面覆蓋。
冷藏貼面可存放約 5 天，建議盡快使用完。
注意！蛋奶醬不能冷凍保存。

1　鋼盆加入全蛋，以打蛋器充分拌勻，再加入材料 B、材料 C 拌勻。

2　倒入保鮮盒，以保鮮膜貼面覆蓋，再蓋上保鮮盒蓋，置於冷藏中存放。

田園番茄嫩蔬

Quiche aux légumes & tomates

還原鹹塔最單純的美味。我們運用了炒蘑菇、青花椰菜入味，還放入起司丁增加起司香，烘烤前表面放上一片厚切番茄，表面佐以油封聖女番茄與百里香作為裝飾點綴。

保存方式：
生塔生餡的鹹塔可以冷凍保存，但需要蓋上保鮮膜，或放在密封盒中冷凍保存。
烤好的鹹派也可以冷凍保存，要吃之前再以烤箱加熱。

材料 INGREDIENTS

份量：示範一個

總材料	公克
鹹塔皮（P.194 ~ 195）	1 個
花椰菜	適量
起司丁	適量
奶油炒蘑菇 ★	適量
蛋奶醬（P.195）	適量
牛番茄片	1 片
橄欖油	適量
研磨黑胡椒碎粒	適量
鹽之花	適量
油封小番茄 ★	適量
新鮮百里香	1 支

奶油炒蘑菇★	公克
橄欖油	30
無鹽奶油	30
蘑菇片	400
鹽	適量
黑胡椒粒	適量
油封小番茄★	
聖女小番茄	400
橄欖油	30
蒜末	30
鹽	適量
黑胡椒粒	適量

作法 METHOD

1. **奶油炒蘑菇**：橄欖油、無鹽奶油加熱至融化，倒入切片的新鮮蘑菇中火翻炒，慢慢炒出水後，加入鹽、黑胡椒粒調味收汁，炒至蘑菇收乾並且單面上色即可以離火，放涼待用。
2. **油封小番茄**：所有材料放入鋼盆中輕柔拌合，平均倒在烤盤上，以 85°C 烘烤 90 分鐘。自烤箱取出，放涼後裝入密封容器冷藏保存。

3. **組裝**：花椰菜切小株洗淨。
4. 鹹塔皮內依序放入花椰菜、起司丁、奶油炒蘑菇。倒入適量蛋奶醬後，中心放一片 1 公分厚切的牛番茄片。
5. 送入預熱好的烤箱，以上下火 170°C 烘烤約 30 ~ 40 分鐘，蛋奶醬表面上褐色，出爐冷卻 10 分鐘後脫模，刷橄欖油，撒研磨黑胡椒碎粒、鹽之花，點綴油封小番茄、新鮮百里香完成~

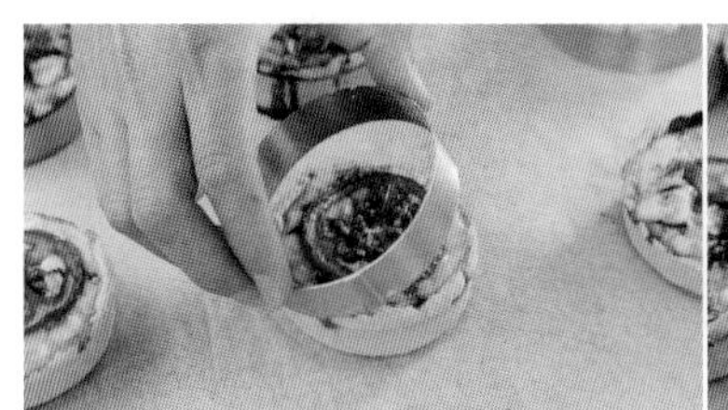

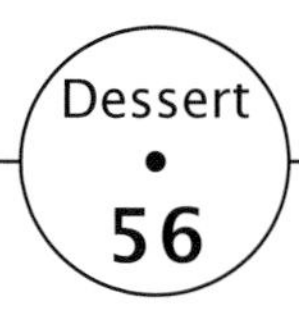

培根洋蔥火腿

Quiche au l'oignon & jambon

承襲洛林鹹塔的美味組合。我們進一步強化了洋蔥的風味，採用焦糖化洋蔥 oignon caramélisé 的做法入料，再採用了在地的優質火腿品牌「郭榮市」，將風味複刻了一次，只是這一次是臺灣花蓮而不是洛林了。

保存方式：
生塔生餡的鹹塔可以冷凍保存，但需要蓋上保鮮膜，或放在密封盒中冷凍保存。
烤好的鹹派也可以冷凍保存，要吃之前再以烤箱加熱（170°C 烤 8 ~ 10 分鐘）。

材料 INGREDIENTS

份量：示範一個

總材料	公克
鹹塔皮（P.194 ～ 195）	1 個
火腿丁	適量
起司丁	適量
炒厚切培根 ★	適量
焦化洋蔥 ★	適量
蛋奶醬（P.195）	適量
橄欖油	適量
研磨黑胡椒碎粒	適量
鹽之花	適量
新鮮迷迭香	適量
七味粉（或唐辛子粉）	適量

炒厚切培根★	公克
橄欖油	10
無鹽奶油	10
厚切培根條	400

焦化洋蔥★	
芥花油	10
無鹽奶油	10
洋蔥絲	100
黑胡椒粒	適量

作法 METHOD

1 **炒厚切培根**：橄欖油、無鹽奶油加熱至融化，倒入厚切培根條，中火煮至收乾且單面上色，離火，放涼備用。

2 **焦化洋蔥**：單柄鍋內加入芥花油，和無鹽奶油加熱至融化，倒入洋蔥絲中火煮至出水透明，轉小火，加入黑胡椒粒調味，炒到深褐色時起鍋放涼備用。

3 **組裝**：鹹塔皮內依序放入火腿丁、起司丁、炒厚切培根、焦化洋蔥，倒入適量蛋奶醬。

4 送入預熱好的烤箱，以上下火 170°C 烘烤約 30 ～ 40 分鐘，蛋奶醬表面上褐色，出爐冷卻 10 分鐘後脫模，刷橄欖油，撒研磨黑胡椒碎粒、鹽之花，點綴新鮮迷迭香，撒七味粉或唐辛子粉完成～

羅勒青醬野菇

Quiche aux champignons sauvages, pesto

自製的羅勒青醬是歐陸食材的經典風味，混合臺灣特有的三種野菇（鴻禧菇、蘑菇與舞菇）與培根一起融合入鹹塔，最後佐以玉米筍的甘甜提味，帶出田園羅勒青醬的香濃與野菇的山味。

保存方式：
生塔生餡的鹹塔可以冷凍保存，但需要蓋上保鮮膜，或放在密封盒中冷凍保存。
烤好的鹹派也可以冷凍保存，要吃之前再以烤箱加熱。

材料 INGREDIENTS

份量：示範一個

總材料	公克
鹹塔皮（P.194 ~ 195）	1 個
炒厚切培根（P.199）	2 ~ 3 根
青醬炒菇 ★	適量
玉米筍片	適量
蛋奶醬（P.195）	適量
橄欖油	適量
研磨黑胡椒碎粒	適量
鹽之花	適量
新鮮羅勒葉	1 片
烤熟松子	適量

拌合成青醬炒菇★	
自製研磨松子羅勒青醬	100
作法 2 奶油炒蘑菇	250
作法 2 奶油炒舞菇	250
作法 2 奶油炒鴻禧菇	250

自製研磨松子羅勒青醬	公克
新鮮羅勒葉	140
松子	22
橄欖油	42
大蒜	4
冰塊	14
帕瑪森乾酪粉	14
鹽胡椒	2

奶油炒菇	
橄欖油	30
無鹽奶油	30
蘑菇片 / 舞菇 / 鴻喜菇	400
鹽	適量
黑胡椒粒	適量

作法 METHOD

1. **自製研磨松子羅勒青醬**：桌上型調理機將新鮮羅勒葉絞碎成碎泥狀。加入松子均質，加入橄欖油均質，加入大蒜、冰塊均質。加入帕瑪森乾酪粉均質，最後加入鹽胡椒調味，均質完成。
2. 倒入乾淨容器，以保鮮膜貼面覆蓋冰鎮冷藏。建議真空包裝保存，或以夾鏈袋密封保存，冷凍可存放一個月。
3. **奶油炒菇**：橄欖油、無鹽奶油加熱至融化，倒入菇類（三種擇一）中火翻炒，慢慢炒出水後，加入鹽、黑胡椒粒調味收汁，炒至菇類收乾並且單面上色即可以離火，放涼（鴻禧菇與舞菇可以同鍋炒熟備用）。
4. **拌合成青醬炒菇 ★**：鍋內加入自製青醬與少許橄欖油稀釋後，再加入作法 2 三種菇類，小火翻炒拌勻即可，盛起備用。
5. **組裝**：鹹塔皮內依序放入炒熟培根、青醬炒菇（三種菇類）、玉米筍片，倒入適量蛋奶醬。
6. 送入預熱好的烤箱，以上下火 170°C 烘烤約 30 ~ 40 分鐘，蛋奶醬表面上褐色，出爐冷卻 10 分鐘後脫模，刷橄欖油，撒研磨黑胡椒碎粒、鹽之花，點綴新鮮羅勒葉、烤熟松子完成~

Les macarons
馬卡龍

馬卡龍這個甜點品項絕對是法式甜點中「魔王」等級的角色，這意味著它是困難度與技術性要求很高的一項甜點。從挑選原料（只有少少的幾樣材料：純糖粉、杏仁粉與蛋白）到中間的製作過程，與送進烤箱之前的乾燥，無一樣不是大學問，甚至連進了烤箱都還要細心觀察與呵護。但是，我相信所有的師傅都能理解，如果可以征服這項產品，並且達到「穩定」的製程與品質，一定成就感爆棚。在法式甜點的專業領域中向上提升數個等級。

早在最初我就已經深深被馬卡龍精緻又神秘的外表所吸引。不只驚豔它的外觀：小巧的如幽浮般的造型，還有很神祕又美麗的裙、腳 pied。一口咬下去之後更喜愛它所創造出來的口感：一開始的薄脆外衣，如蛋糕般蓬鬆又濕潤的組織，然後再來是內餡的風味，那化在嘴裡的風味融合與絕妙的酸甜平衡，便是馬卡龍的精華所在。馬卡龍在法國的歷史淵源很長，從最早的型態演變至今，已經有非常多的樣貌與口感風味演化。

相傳十六世紀由義大利傳入法國的馬卡龍，與今日的馬卡龍外觀有很大的不同之處。最早的文獻記載馬卡龍來自法國南錫，往後數個世紀在法國各地也出現了各式各樣的馬卡龍，直到二十世紀甜點大師皮耶 . 艾曼 Pierre Hermé 創造出了巴黎式的馬卡龍 macaron parisien，將近代的馬卡龍做一個輪廓的描繪與總結：以兩個直徑約 3.5 ~ 4 公分的馬卡龍圓餅對夾，中間以甘納許、奶油霜或果醬為基底做成餡心，就完成了馬卡龍的元素組成。

去法國前我找了相當多方法，想親手製作「到位」的法式馬卡龍。從當時遍找不到的純糖粉，到研磨細緻的杏仁粉，還有上書店購買很多馬卡龍書籍、大量觀看網路影片，我發現要製作理想的馬卡龍實在難如登天。大量的溫度變數與濕度影響了馬卡龍的製作流程，而一般的廚房哪來的乾燥環境甚至空調？為此我常常將整個製作場地移到臥房，因為那裡才有空調；為了濕度夠低，冷氣常常開到 18 ~ 20 度左右，手端著烤盤讓馬卡龍「吹冷氣」，以為這樣才能讓馬卡龍表面趕快結皮。真可謂費了千辛萬苦才能有一點點的進步。通常一整盤馬卡龍只有幾片能夠長出理想的裙與腳，過程雖然艱辛，卻非常有成就感，雖然產出比完全沒有經濟效益。

到法國學習正統法式甜點時，我才打通了製作馬卡龍的任督二脈。學校中老師教授馬卡龍的材料細節與製作方式，對我來說有如醍醐灌頂，恍然大悟當時自己做的馬卡龍有多不科學。

在法國，馬卡龍像是受到祝福，不管怎樣製作都可以奇蹟似的成功，不管外觀還是口感，跟我在臺灣的結果有著天壤之別。可能是我表現得太過熱衷於馬卡龍，同事常常納悶問我：「慶陽，我覺得你們熱衷馬卡龍是不是和我們對壽司的愛是一樣的？」。我大力點頭贊同。在里昂甜點店實習時我大量觀察，甚至親身參與製程與夾餡後續的保存方式，為我日後對馬卡龍的大量製作和保存奠定了基礎。第二間實習甜點店更為驚人，他們甚至有自己的「馬卡龍工作室」，日產約五百顆不同口味的馬卡龍，規模跟生產方式都讓我歎為觀止，而我有幸在這間工作室工作了近兩週的時間，學習他們如何規模生產、判斷狀態與保存。回到臺灣，我將這樣的製作方式經過了調整與翻新，仔細地製作出帶有臺灣風味的馬卡龍和大家分享。

玫瑰覆盆子馬卡龍

Macarons:
rose, letchi & framboise

道地的巴黎式馬卡龍印象總離不開皮耶．艾曼 Pierre Hermé 創造的經典口味：Ispahan。我們將自製的覆盆子果醬與玫瑰果醬融合，模擬經典的原味。

保存方式：
馬卡龍夾餡完成之後以保鮮膜密封，並儲存在冷藏一個晚上等待反潮。內餡會與馬卡龍殼組織融合，隔日便可從冷藏取出，在室溫中回溫約 10 分鐘後品嚐。或密封冷凍長期保存。

材料 INGREDIENTS

份量：約 40 顆

馬卡龍殼		公克
A	水	58
	細砂糖	175
	蛋白（A）	65
	紅色水性色膏	適量
B	杏仁粉（過篩）	175
	純糖粉（過篩）	175
	蛋白（B）	65
	總重	713

覆盆子玫瑰果醬	公克
市售無糖玫瑰果醬	100
覆盆子果醬 ★	300
總重	400

覆盆子果醬★	公克
冷凍覆盆子	500
細砂糖	285.5
檸檬汁	21.5
總重	807

作法 METHOD

1 **覆盆子果醬**：單柄厚底鍋加入冷凍覆盆子、細砂糖，中小火開始熬煮，覆盆子漸漸地會出汁、融化，此時以均質機均質所有的材料，繼續用中火熬煮。

2 用刮刀時不時刮過鍋底，熬煮到濃稠時取部分放到盤子上等待冷卻。冷卻後的質地若為果醬狀及可以停止，若無則繼續熬煮收乾。

POINT｜煮好撈一點到烤盤上確認狀態，冷卻後用手指輕觸質地，看它的質地是不是像果醬一樣，如果一碰就散，像漿一樣，那就要繼續熬煮。

3 一旦狀態達到理想的果醬狀即關火，加入檸檬汁拌勻。將拌勻的果醬倒在大烤盤上鋪平，保鮮膜貼面覆蓋，送入冷凍冷卻。

4 **覆盆子玫瑰果醬**：攪拌缸放入冷卻完成的覆盆子果醬、市售無糖玫瑰果醬，以槳狀攪拌器中高速攪拌到呈現粉紅色即可使用。

5 **馬卡龍殼**：單柄厚底鍋加入水、細砂糖，中火煮至 121°C，全程透過輕晃單柄鍋讓鍋邊不要有砂糖殘存，用不離開火源的方式慢慢煮融，不要攪拌，一攪拌會反砂，一但反砂就要重新煮糖。

POINT｜煮糖漿不要用紅外線溫度計，會只測到表面溫度，要用探針測量「中心溫度」。

6 乾淨攪拌缸加入蛋白（A），中速攪拌至濕性發泡，攪拌缸不停機邊攪打邊沿著鍋邊倒入作法 5 糖漿，再以高速打發到堅挺發亮，蛋白霜完成後加入適量色膏調整顏色。

POINT｜不需要刻意把蛋白放一兩週老化。有些人會把蛋白事先冷藏，但如果蛋白溫度很低，倒入糖漿時冷熱相遇，糖漿會結塊沉在底部，所以不用刻意冷藏。

義式蛋白霜：即將水和細砂糖煮至 121°C，沖入濕性發泡的蛋白，持續打發到堅挺發亮完成，打發完成的溫度大概是 32 ～ 35°C。

7 操作到作法 6 攪拌缸加入糖漿後，便開始做這個步驟。將杏仁粉、純糖粉混合過篩，與蛋白（B）用橡皮刮刀拌合成團。

POINT

拌勻的時候不要壓，大力壓會榨出杏仁粉的油脂。一手用橡皮瓜刀輕輕把材料從底部翻起，另一手旋轉鋼盆，反覆把材料翻摺、翻拌均勻即可逐漸成團。

義式蛋白霜是水溶性的材料，色膏就必須買水溶性的。

8 加入 1/3 作法 6 義式蛋白霜（蛋白霜溫度 32 ～ 35°C），拌到沒有明顯的顆粒感。接著再將剩餘的義式蛋白霜加入，以橡皮刮刀拌勻至拾起時會掉落，麵糊發亮，但不能太有流性。

POINT

如果不分兩次加入拌勻，一次加入全部的義式蛋白霜，材料會非常難拌合。

熟練的馬卡龍製作者，拌勻後會在這個階段調整馬卡龍質地，追求理想的烘烤效果。把麵糊拉起觀察麵糊流性狀態，有一點要掉不掉的感覺，而掉下來的麵糊呈現緞帶狀，表面不會到非常平整，看起來有細密的紋路感，就是我們想要的質地。這個質地烤出來的馬卡龍表面會帶有細密的紋路，不會完全光滑，若想要馬卡龍平整光滑，就要繼續翻拌，拌到麵糊變成流性較強的質地。

我在法國的第二間實習地點，是一個專門做馬卡龍的工廠。雖然說是工廠，但其實整間公司只有三個人，一個正職兩個實習生，每天產出一千顆馬卡龍，量大的製作跟量少的製作完全不同，我當時就在想，所謂的「馬卡龍攪拌法」真的是必要的嗎？量大的製作都是一整鍋倒進去，全部的程序都以機器拌勻。也許我們只要追求正確的「質地」，能創造出這種質地的手法，就是我們可以參考、借鑒的手法。

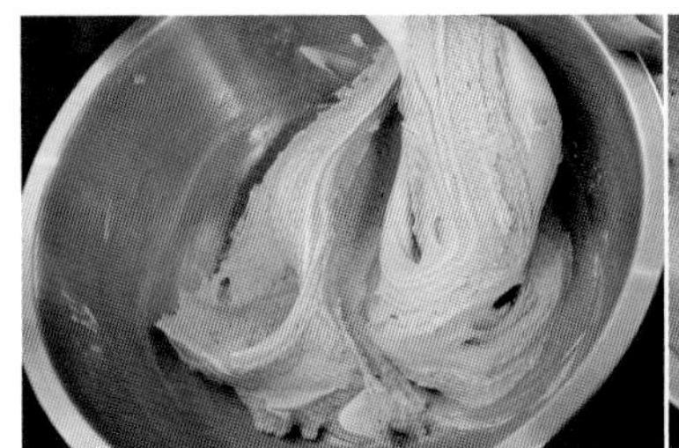

9 裝入擠花袋，在烤盤布上擠 3 ~ 3.5 公分直徑的圓，每個約 8.5 ~ 9g，輕拍烤盤底部讓馬卡龍擴展，讓它擴展至 4.5 ~ 5 公分。

POINT 法國的馬卡龍是秤斤賣的，法國人是非常浪漫自由的民族，馬卡龍大小會隨著天氣、音樂、師傅的感情狀態有所改變，個人製作販售的大部分是秤斤賣，只有用機器做的，因為量化大小一致，才以顆販售。

10 依不同內餡撒上不同的裝飾物，如乾燥玫瑰花瓣、黑芝麻等等。

11 炫風烤箱以 50°C，先烤 10 分鐘，把馬卡龍烘乾至表面結皮。再以 150°C 烘烤 6 分鐘，調頭再烤 6 分鐘。輕輕以兩指挪動馬卡龍殼，馬卡龍緊咬著烤盤布，無法移動便代表烤熟。

POINT

法國的濕度只有 20 幾度，家庭製作要讓表面乾燥結皮的話，在室溫乾燥 1 小時即可。臺灣的氣候就不能這樣做，臺灣濕度比較高，建議還是進入烤箱烘乾至結皮。或開啟除濕機，讓室內濕度保持在 20 ~ 30% 之間。

我以前第一個學習的甜點就是馬卡龍，那時候在家裡開著冷氣製作，但失敗率太高了，我就改舉著烤盤放在冷氣下方，期待誠意感動上天，透過冷氣讓表面風乾，可惜品質還是很不穩定。最後，我發現家庭要烘乾馬卡龍最完美的方法竟然是「用吹風機乾燥它」。

馬卡龍的腳和裙：馬卡龍的乾燥程度，會直接影響馬卡龍的外觀。往上長高所形成的邊緣叫做「腳」；長高後因為負重向下壓出的稱作「裙」，通常較為乾燥的馬卡龍裙邊較大。

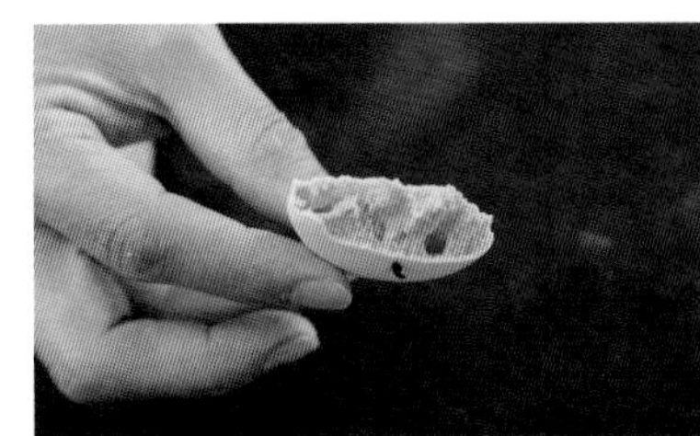

烘烤後的馬卡龍

內裏不完全乾燥。夾餡後餡料會從中心往外擴散，達到外脆、內裏濕軟的效果。

專業的夾餡方法

要達到殼餡合而為一的效果，中心擠餡後，要用手掌輕壓結合，夾好的餡是水平的。

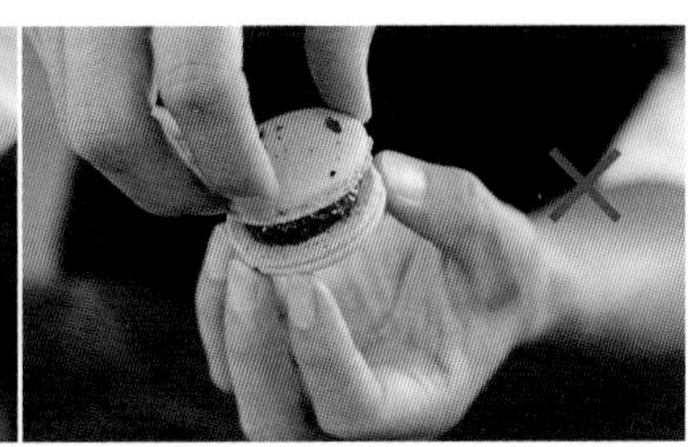

NG 的夾餡方法

用手指捏著邊緣結合，夾好的餡呈梯形，內餡分布不均。

百香果與牛奶巧克力也是經典的一款組合搭配。表面佐以可可粉象徵百香果中的種子，而微微泛黃的馬卡龍殼則是牛奶巧克力與百香果交錯的色彩意象。

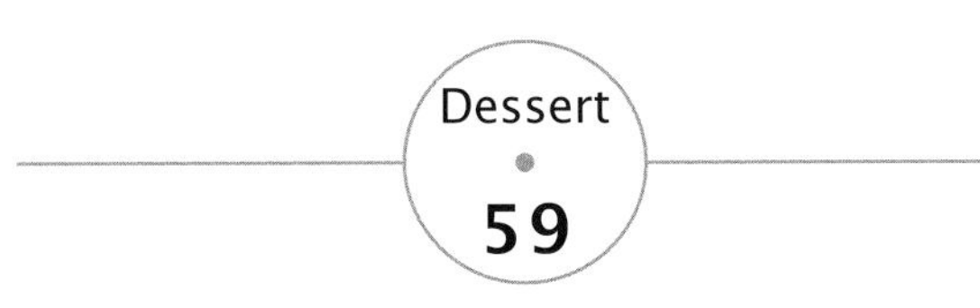

調色馬卡龍

百香果牛巧馬卡龍

Macarons:
chocolat au lait & fruit de la passion

材料 INGREDIENTS

份量：約 40 顆

馬卡龍殼		公克
A	水	58
	細砂糖	175
	蛋白（A）	65
	黃色水性色膏	適量
B	杏仁粉（過篩）	175
	純糖粉（過篩）	175
	蛋白（B）	65
	總重	713

百香果甘納許		公克
A	動物性鮮奶油	23
	百香果果泥	100
	轉化糖	23
B	牛奶巧克力	286
	70% 巧克力	43
C	無鹽奶油	36
D	百香果利口酒	15
	總重	526

POINT

保存方式：

馬卡龍夾餡完成之後以保鮮膜密封，並儲存在冷藏一個晚上等待反潮。內餡會與馬卡龍殼組織融合，隔日便可從冷藏取出，在室溫中回溫約 10 分鐘後品嚐。或密封冷凍長期保存。

作法 METHOD

1 百香果甘納許：有柄厚底鍋加入材料 A，中火加熱煮至小滾。

2 一口氣沖入材料 B 中，浸泡約 30 秒，以均質機均質。

3 降溫至 38°C 時，加入材料 C 再次以均值機均質，加入材料 D 拌勻完成為達甘納許可以夾餡的質地，製作好的甘納許必須以保鮮膜貼面後，放置在 22 ～ 26°C 的室溫中一晚，隔天直接使用。

4 馬卡龍殼：參考 P.205 ～ 207 馬卡龍殼製作方法，配方作法是一致的，僅調整色膏顏色。

5 趁馬卡龍表面濕潤時撒上防潮可可粉（配方外）裝飾，乾燥後烘烤，出爐後放涼脫模、夾餡，完成～

保存方式：
馬卡龍夾餡完成之後以保鮮膜密封，並儲存在冷藏一個晚上等待反潮。內餡會與馬卡龍殼組織融合，隔日便可從冷藏取出，在室溫中回溫約 10 分鐘後品嚐。或密封冷凍長期保存。

Dessert 60

調味馬卡龍　黑芝麻花生馬卡龍

Macarons: sésame & cacahuète

花生與芝麻的組合屢試不爽，花蓮的美好花生醬剛好搭配黑芝麻的香氣，兩者喚醒童年吃甜食的記憶（花蓮早期的麻糬風味）。馬卡龍的餅殼中也加入了芝麻粉入味，表面撒上芝麻顆粒，暗示一入口的風味。

材料 INGREDIENTS

份量：約 40 顆

	馬卡龍殼	公克
A	水	58
	細砂糖	175
	蛋白（A）	65
B	黑芝麻粉（過篩）	57
	杏仁粉（過篩）	118
	純糖粉（過篩）	175
	蛋白（B）	65
	總重	713

	黑芝麻奶油霜	公克
A	無鹽奶油（軟化）	160
B	純糖粉（過篩）	104
	鹽	2
C	杏仁粉（過篩）	64
	無糖芝麻粉（過篩）	40
	無糖黑芝麻醬	32
	黑芝麻顆粒	8
D	有糖花生醬	適量
	總重	410

作法 METHOD

1 **黑芝麻奶油霜**：攪拌缸加入材料 A，以槳狀攪拌器將奶油打軟，但不要打發。

2 加入材料 B 低速拌勻。加入混合過篩的杏仁粉、無糖芝麻粉拌勻。

3 加入無糖黑芝麻醬拌勻，加入黑芝麻顆粒拌勻至材料均勻散落。

POINT｜一邊依序加入粉、醬、粒，一邊混合均勻，食材依序拌合，完成的成品質地較為細膩。

4 **馬卡龍殼**：單柄厚底鍋加入水、細砂糖，中火煮至 121°C，全程透過輕晃單柄鍋讓鍋邊不要有砂糖殘存，用不離開火源的方式慢慢煮融，不要攪拌，一攪拌會反砂，一但反砂就要重新煮糖。

POINT ▼｜煮糖漿不要用紅外線溫度計，會只測到表面溫度，要用探針測量「中心溫度」。

煮糖漿時的「反砂」現象與解決方案：一般煮糖漿的過程中，比例大約為細砂糖 3：水 1，上述的糖漿是「過飽和溶液」。砂糖無法完全溶解於常溫水，當糖水煮滾（溫度提升）砂糖才會溶解，可一但水溫降低，砂糖又會返回原有的模樣，即「砂狀」，我們將這個現象稱為「反砂」。

▲ POINT

煮糖的過程可以採用沾濕的毛刷，刷在鍋子的鍋壁面上，讓水將砂糖帶回鍋中，避免鍋邊殘存的砂糖引發反砂的連鎖反應。除此之外，在糖漿煮沸的過程中都不要讓糖漿降溫或者「攪拌」，因為攪拌就是一種降溫的動作，糖漿一旦降溫，就會反砂產生砂糖結晶，這樣的結晶產生連鎖反應，糖會手牽手產生連鎖反應將整鍋的糖逐漸結晶化，最終達到完全結晶的狀態。

反砂的糖漿無法經過加熱再成為糖漿，必須要再加入能夠溶解砂糖的水，讓糖完全融化在水中後，再次進行糖漿的煮製。若不加入水，只持續加熱，最終砂糖將進入焦糖化反應。

5 乾淨攪拌缸加入蛋白（A），中速攪拌至濕性發泡，攪拌缸不停機邊攪打邊沿著鍋邊倒入作法 4 糖漿，再以高速打發到堅挺發亮。

POINT

不需要刻意把蛋白放一兩週老化。有些人會把蛋白事先冷藏，但如果蛋白溫度很低，倒入糖漿時冷熱相遇，糖漿會結塊沉在底部，所以不用刻意冷藏。

義式蛋白霜：即將水和細砂糖煮至 121°C，沖入濕性發泡的蛋白，持續打發到堅挺發亮完成，完成溫度大概是 32 ~ 35°C。

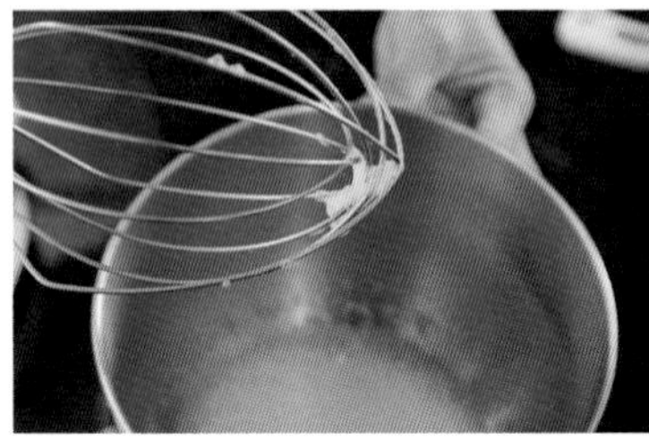
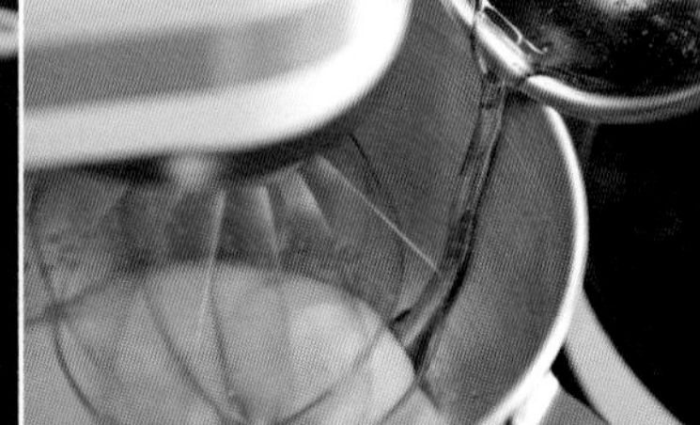
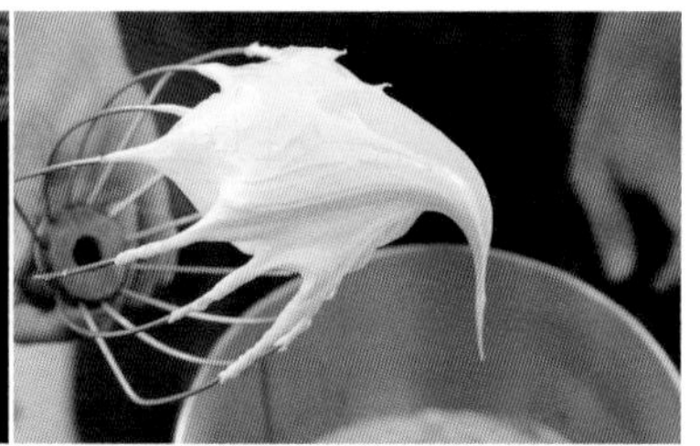

6 操作到作法 5 攪拌缸加入糖漿後，便開始做這個步驟。將黑芝麻粉（口味粉類）、杏仁粉、純糖粉混合過篩，與蛋白（B）用橡皮刮刀拌合成團。

POINT

拌勻的時候不要壓，大力壓會榨出杏仁粉的油脂。一手用橡皮瓜刀輕輕把材料從底部翻起，另一手旋轉鋼盆，反覆把材料翻摺、翻拌均勻即可。

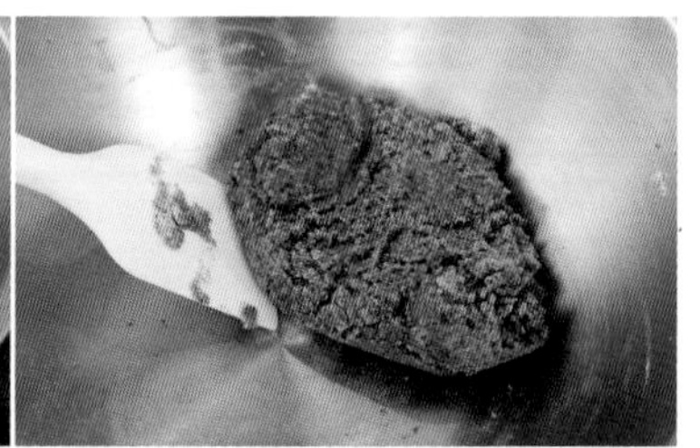

7 加入 1/3 作法 5 義式蛋白霜（蛋白霜溫度 32 ~ 35°C），拌到沒有明顯的顆粒感。接著再將剩餘的義式蛋白霜加入，以橡皮刮刀拌勻至拾起時會掉落，麵糊發亮，但不能太有流性。

POINT

如果不分兩次加入拌勻，一次加入全部的義式蛋白霜，材料會非常難拌合。

熟練的馬卡龍製作者，拌勻後會在這個階段調整馬卡龍質地，追求理想的烘烤效果。把麵糊拉起觀察麵糊流性狀態，有一點要掉不掉的感覺，而掉下來的麵糊呈現緞帶狀，表面不會到非常平整，看起來有細密的紋路感，就是我們想要的質地。這個質地烤出來的馬卡龍表面會帶有細密的紋路，不會完全光滑，若想要馬卡龍平整光滑，就要繼續翻拌，拌到麵糊變成流性較強的質地。

我在法國的第二間實習地點，是一個專門做馬卡龍的工廠。雖然說是工廠，但其實整間公司只有三個人，一個正職兩個實習生，每天產出一千顆馬卡龍，量大的製作跟量少的製作完全不同，我當時就在想，所謂的「馬卡龍攪拌法」真的是必要的嗎？量大的製作都是一整鍋倒進去，全部的程序都以機器拌勻。也許我們只要追求正確的「質地」，能創造出這種質地的手法，就是我們可以參考、借鑑的手法。

8 裝入擠花袋，在烤盤布上擠 3 ~ 3.5 公分直徑的圓，每個約 8.5 ~ 9g。依不同內餡撒上不同的裝飾物，如乾燥玫瑰花瓣、生黑芝麻等等。

9 輕拍烤盤底部讓馬卡龍擴展，讓它擴展至 4.5 ~ 5 公分。

POINT

法國的馬卡龍是秤斤賣的，法國人是非常浪漫自由的民族，馬卡龍大小會隨著天氣、音樂、師傅的感情狀態有所改變，個人製作販售的大部分是秤斤賣，只有用機器做的，因為量化大小一致，才以顆販售。

10 炫風烤箱以 50°C，先烤 10 分鐘，把馬卡龍烘乾至表面結皮。再以 150°C 烘烤 6 分鐘，調頭再烤 6 分鐘。輕輕以兩指挪動馬卡龍殼，馬卡龍緊咬著烤盤布，無法移動便代表烤熟。

POINT

法國的濕度只有 20 幾度，家庭製作要讓表面乾燥結皮的話，在室溫乾燥 1 小時即可。臺灣的氣候就不能這樣做，臺灣濕度比較高，建議還是進入烤箱烘乾至結皮。

我以前第一個學習的甜點就是馬卡龍，那時候在家裡開著冷氣製作，但失敗率太高了，我就改舉著烤盤放在冷氣下方，期待誠意感動上天，透過冷氣讓表面風乾，可惜品質還是很不穩定。最後，我發現家庭要烘乾馬卡龍最完美的方法是「用吹風機乾燥它」。

馬卡龍的腳和裙：馬卡龍的乾燥程度，會直接影響馬卡龍的外觀。往上長高所形成的邊緣叫做「腳」；長高後因為負重向下壓出的稱作「裙」，通常較為乾燥的馬卡龍裙邊較大。

11 出爐放涼，取兩顆大小一致的馬卡龍，一片擠一圈奶油霜，中心再擠適量有糖花生醬，闔起完成~

保存方式：
馬卡龍夾餡完成之後以保鮮膜密封，並儲存在冷藏一個晚上等待反潮。內餡會與馬卡龍殼組織融合，隔日便可從冷藏取出，在室溫中回溫約 10 分鐘後品嚐。或密封冷凍長期保存。

Dessert
61

調味馬卡龍

開心果馬卡龍

Macarons à la pistache

開心果的香氣與色澤是每個法式甜點都必定會採用的滋味，配方中我們使用自製的開心果醬，飽滿的香氣搭配烘烤過後切碎的開心果碎粒，再經過鹽花提味，品嚐歐式甜點中開心果的風情萬種。

材料 INGREDIENTS

份量：約 40 顆

	馬卡龍殼	公克
A	水	58
	細砂糖	175
	蛋白（A）	65
B	自製開心果粉	57
	杏仁粉（過篩）	118
	純糖粉（過篩）	175
	蛋白（B）	65
	總重	713

	開心果奶油霜	公克
A	無鹽奶油（軟化）	160
B	純糖粉（過篩）	104
C	杏仁粉（過篩）	64
	開心果醬	40
	開心果碎粒	50
	總重	418

POINT｜自製開心果粉的製作方式：
翠綠開心果不烘烤，先以桌上型調理機稍研磨後，加入純糖粉繼續研磨，成為細碎的粉末狀後，再加入杏仁粉進階研磨，磨至粉末質地均勻細緻（注意！千萬不要研磨成團狀，這是出油的現象）。

作法 METHOD

1. **開心果奶油霜**：攪拌缸加入材料 A，以槳狀攪拌器將奶油打軟，但不要打發。
2. 加入材料 B 低速拌勻。加入過篩杏仁粉拌勻。
3. 加入開心果醬拌勻，加入開心果碎粒拌勻至材料均勻散落。

POINT｜一邊依序加入粉、醬、粒，一邊混合均勻，食材依序拌合，完成的成品質地較為細膩。

4. **馬卡龍殼**：參考 P.211 ～ 213 馬卡龍殼製作方法，配方作法是一致的，僅調整口味粉類。
5. 趁馬卡龍表面濕潤時撒上開心果碎（配方外）裝飾，乾燥後烘烤，出爐後放涼脫模、夾餡，完成

保存方式：
馬卡龍夾餡完成之後以保鮮膜密封，並儲存在冷藏一個晚上等待反潮。內餡會與馬卡龍殼組織融合，隔日便可從冷藏取出，在室溫中回溫約 10 分鐘後品嚐。或密封冷凍長期保存。

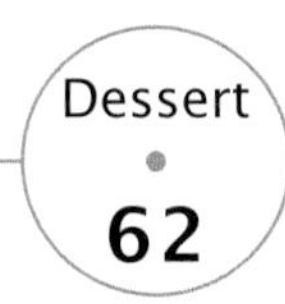

調味馬卡龍

巧克力榛果馬卡龍

Macarons: praliné noisette & chocolat noir

榛果帕林內[1]與黑巧克力是天作之合。占度雅(gianduja)正是榛果醬(praliné noisette)搭配巧克力製作而成。因此在這款馬卡龍中，我們將混有榛果帕林內(即榛果醬)的甘納許中間再擠入少許榛果醬再次提味，並強調榛果的印象。

材料 INGREDIENTS

份量：約 40 顆

	馬卡龍殼	公克
A	水	64
	細砂糖	175
	蛋白(A)	70
B	可可粉(過篩)	21.5
	杏仁粉(過篩)	175
	糖粉(過篩)	175
	蛋白(B)	70
	總重	750.5

	榛果帕林內甘納許	公克
A	動物性鮮奶油	108
	葡萄糖	24
B	牛奶巧克力	90
	70% 巧克力	120
C	無鹽奶油(軟化)	30
D	榛果醬	24
	總重	396

作法 METHOD

1. 榛果帕林內甘納許：有柄厚底鍋加入材料 A，中火加熱煮至小滾。
2. 一口氣沖入材料 B 中，浸泡約 30 秒，以均質機均質。
3. 降溫至 38°C 時，加入材料 C 再次以均值機均質，最後加入材料 D 拌勻完成。製作好的甘納許必須以保鮮膜貼面後，放置在 22 ~ 26°C 的室溫中一晚，隔天直接使用。
4. 馬卡龍殼：參考 P.211 ~ 213 馬卡龍殼製作方法，配方作法是一致的，僅調整口味粉類。
5. 趁馬卡龍表面濕潤時撒上防潮可可粉(配方外)與適量的榛果碎(配方外)裝飾，乾燥後進行烘烤。出爐後放涼脫模，取兩顆大小一致的馬卡龍，一片擠一圈榛果帕林內甘納許，中心再擠適量榛果醬(配方外)，闔起完成~

注[1] Praline(帕林內)即「裹上一層糖衣的堅果」，如花生帕林內、榛果帕林內等。把這個帕林內再打成醬，就變成「帕林內醬」。書中為了方便採買僅簡稱「榛果醬」，但若想更貼合這款產品想傳達的精神，可以購買「榛果帕林內醬」哦~

調味馬卡龍

小米酒黑巧馬卡龍

Macarons: liqueur de riz & chocolat noir

小米酒是花東飲食的特色，融入酒類的甘納許內餡就是這配方中的亮點。我們挑選了一款不搶主角戲份的黑巧克力作為載體，襯托並且凸顯了小米酒在甘納許中隱隱挑動的酒香與獨特酸甜風味。

材料 INGREDIENTS

份量：約 40 顆

	馬卡龍殼	公克
A	水	64
	細砂糖	175
	蛋白（A）	70
B	可可粉（過篩）	21.5
	杏仁粉（過篩）	175
	糖粉（過篩）	175
	蛋白（B）	70
	總重	750.5

	小米酒甘納許	公克
A	動物性鮮奶油	198
	葡萄糖	22
B	70% 巧克力	211
C	無鹽奶油（軟化）	30
D	小米酒	21
	總重	482

POINT

保存方式：

馬卡龍夾餡完成之後以保鮮膜密封，並儲存在冷藏一個晚上等待反潮。內餡會與馬卡龍殼組織融合，隔日便可從冷藏取出，在室溫中回溫約 10 分鐘後品嚐。或密封冷凍長期保存。

作法 METHOD

1 小米酒甘納許：有柄厚底鍋加入材料 A，中火加熱煮至小滾。

2 一口氣沖入材料 B 中，浸泡約 30 秒，以均質機均質。

3 降溫至 38°C 時，加入材料 C 再次以均值機均質，加入材料 D 拌勻完成。

4 馬卡龍殼：參考 P.211 ～ 213 馬卡龍殼製作方法，配方作法是一致的，僅調整口味粉類。

5 趁馬卡龍表面濕潤時撒上防潮可可粉（配方外）與適量的可可豆碎（配方外）裝飾，乾燥後進行烘烤，出爐後放涼脫模，取兩顆大小一致的馬卡龍夾餡完成～

Chapter · 3

Epilogue 後記

法式甜點的元素

法式甜點的元素包羅萬象，剛入門時我被這閃耀著無數光環的世界刺得睜不開眼睛，更不用說瞭解整個法式甜點的系統與架構。從臺灣這個甜點大熔爐的角度出發，放眼法國，我才終於稍稍明瞭。法式甜點如此龐大，很難簡單的歸納總結，人們接受社會慣性，喜歡條理歸納萬物做分類，法式甜點卻像是一片汪洋，在這片大海中，有無窮無盡的想像空間，建構在既有的法則與環境下，各自演繹出不同的美感創意與獨特魅力，透過這幾年的積累與沉澱，我認為法式甜點要表達的概念分為三大類：

① 延續傳統但有新意

首先來談談傳統。歐洲料理系統以義大利與法國為核心發展，經歷了數個世紀，彼此交流分享，逐漸將料理技藝臻至完美。但是，所有的甜點都必須建構在固有的基礎元素上，塔皮派皮的配方變化不大，樣式卻已不是原有的樣貌，可以用扁平地、碎粒的或者是蜷曲立體的方式呈現，或者更有張力的裝飾或設計，唯內容仍不違背原有的層次組件。

② 要有法式魅惑的美感

法式魅惑 séduction 是具有內斂感的魅惑。不矯情、不情色、不浮誇、不直白陳述也不會含混不清，往往欣賞者看到作品時心領神會，會心一笑。

這種美感有一種魔性，會讓人忍不住想擁有它，可是又說不上來其必要性。

如果想要多一些瞭解法式誘惑，可以參閱《法蘭西：誘惑與偏見》這本書。

③ 依循風土與時令

自豪於土地文化的法國人，將風土視之為根本，也就不難看出法國法令中對於 AOP 或者重視各地農產品發展的用心。對於食材的定義像是巧克力、奶油、麵包甚至冰淇淋也有詳細的規範，若不在此限，便沒有辦法稱作是正統。除此，運用在地的食材，特別是當令當季的原物料早已經是餐飲烘焙界致力遵循的目標，因此可見許多米其林餐廳就位在這些地處偏遠的地區，大量的使用當地引以為傲的食材。

在全心投入甜點製作的數年中，我似乎能夠體悟前輩所形容的「法式甜點精神」。

有時一定要天馬行空才能脫穎而出；有時候要內斂深沉，包含許許多多的故事，這樣的甜點才能有共鳴。對我來說，沉浸在法式甜點便是我個人對於法式甜點的最終理解了。形而上的法式甜點要用「心」來體會。正如《小王子》書中所述：「真正重要的東西要用『心』才能看見」。

什麼是法式甜點基本手法？

法式甜點的手法是相當精確與精準的。法國人天性浪漫舉世皆知。如果浪漫是偶發性的巧奪天工，那麼法式甜點的手法便是要將這種浪漫重新翻印復刻，並且不斷為它作出精準的定義與編成程序。

常常有人問：法式甜點的美感從何而來？一聽到這問題我就要倒抽一口氣，因為答案往往需要花很長的時間來解釋。美感如何解釋和定位？這是科學領域的藝術問題，抽象又難教導。法式甜點的手法恰恰好就是這樣的一個課題，每一道工序是由一種技術的展現，然後層層疊加，最後堆砌成近乎完美的比例平衡，像極了藝術品。法式甜點中的美感不存在偶然，都是基本的手法的堆積與迭代成長，然後一代接著一代的衍伸出新的排列組合，最終成就了「食代」的藝術。

所以，到底什麼是「法式甜點的基本手法」呢？

記得剛進到甜點學校，我們第一堂課就是「塔類」，還不是醬料，就是純粹的捏塔殼。主廚將所有同學召集到講桌前，用破破的英文（主廚是法國大廚）問大家：你們知道塔跟派的差別嗎？所有的同學面面相覷，沒有人答得上來。我心想「美國人稱作派，法國人稱作塔，其實是一樣的東西吧，少賣弄玄虛了。」

「塔與地面的接觸是九十度的」主廚在白板上畫著，接著說「美國人的派，他們將皮鋪在派模子中，然後用擀麵棍一滾，將多餘的塔皮壓斷、去除，做出來的塔皮跟地面的接觸不是直角，這個叫做派」。

人人都說法國人浪漫隨興，卻不知法國人

既講究又專注，對細節有著不能退讓的職人堅持，雖然烤熟了這兩者吃起來不都一樣？但是長相不同，封入模子中的方法不一樣，傳統法國人會用捏塑的方式成形，甜點的名稱也就大相徑庭。主廚教我的第一課「細節成就一切」。

又有一次，我們當天要做旅行者蛋糕（P.82 ～ 83）。法國甜點稱之為 Cakes 或 gâteaux de voyage，老師除了跟我們講解法式旅人蛋糕的重點製作方式：軟化奶油 beurre promenade、蛋汁乳化 émulsification, 以及最後的浸潤 imbiber 酒糖漿，我發現這些法式甜點的基本手法無所不在。簡單如旅行者蛋糕的常溫甜點，配方與製作技法上都包含了大量的「手法」，若不是經過老師的講解，同學們實際進行製作，很難透過文字或語意傳授，也許透過影片可以知悉，但是實際操作時可能會遇到問題又是另外一回事了。這些「手法」都有專屬的字彙，背都背不完之外，這些字詞在日常用語中具有別的意涵，很少在廚房使用的狀況下便很難有記憶點。

一般來說，法式甜點的基本手法分為兩類：❶ 食材處理、❷ 製作技法。如果是食材處理的手法，一定會標注在食材上，如榛果奶油 beurre noisette，焦糖榛果醬 praliné noisette，或核果糖粉各半的研磨粉 tant pour tant（T.P.T.）[1]，這類的食材坊間可能沒有，是要自己動手製作的，因此我將他們也列在基本手法中。如果無法理解製作的手法，有些在配方中的食材根本沒有辦法準備，當然也就無法製作甜點產品了。

另一方面，製作技法上的基本手法就更吃人了，比方說攪拌馬卡龍專用的手法 macaroner；淋面結束時在表面輕輕抹去多餘的鏡面的手法（或在蛋糕表面抹上薄薄一層鏡面）；調溫巧克力使用前的調溫 mis à température ，許多時候常溫蛋糕的麵糊都一定要放一晚的熟成 amature，食材配方上的手法有量化的依據可供參考，製作上的描述會更貼近初學者好製作為原則，但是技法上的手法有時候只能會意無法言傳，更沒有辦法用語言描述的方式讓初學者上手，因此最快的方法，真的只能找一位師傅，他做一個動作，我們做一個臨摹者學習了。

法式甜點的基本手法，說穿了就是法式甜點技法的精髓集大成。而將所有的基本手法融會貫通之後，就像是勤練蹲馬步一樣，自然可以信手捻來做出一個完美的法式甜點了。其實甜點運用的食材八九不離十，用的都是麵粉、雞蛋、糖加奶，一旦有了基礎，很快也可以領略其他派系的甜點。中文稱之為「手法」，法文中將此稱為「techniques」技術，其範圍與意涵遍佈在整個食譜配方中。每一個經典的法式甜點都是傳承與文化累積，含金量之高，詮釋配方可能要像我們在文言文旁邊註記上密密麻麻的白話文說明一樣，而且還會有許多不同的解釋。

學習法式甜點的手法要像是持續地翻閱歷史文獻般虔誠，不斷擴展自己的視野，將知識努力積攢，經過不斷地磨練成長，最後這些基本的手法將帶領我們到達知識的邊（前）緣地帶，我們可以到達新的境界，最終才能在手法的累積與記憶中建立屬於自己的創新與進展。

注 [1] 法式甜點中，什麼是 T.P.T. ？它的用途是什麼？

「T.P.T.」是法文 tant pour tant 的縮寫。在法式甜點中常見的 tant pour tant 是 50% 杏仁粉與 50% 的純糖粉的合成粉，如果我們要取得 100g 的 TPT，意指 50 克杏仁粉加上 50 克純糖粉的混合粉。最常運用在馬卡龍、Joconde[2] 蛋糕體、奶油霜餡、加列德餅 Galette、巴斯克蛋糕等。

注 [2] Joconde sponge 蛋糕體沒有一個公認的正式中文名，音譯有揪康地、喬康地等，成品綿軟帶有彈性，在甜點世界中是一款萬用的搭配元素。

臺灣東部食材的應用

法式甜點的材料運用上，有一個環節相當重要，便是「使用當令與當地食材」也正是料理食材中「風土」Terroir 的由來，這部分的考究可以追朔到法式餐點的料理方式，也因為十七、十八世紀（甚至更早之前）交通運輸不發達，因此就近取材變成了料理的理所當然。另一方面，住在城堡或豪邸的達官顯貴則追求「舶來品」或較富有異國風味的香料或食材，一方面顯露財富一方面也達到嚐鮮的效果。一但經過了長途跋涉，這些外來食材的問題也隨之而來，大量的蔬果或食材，因為保存不當（當時可沒有冷凍冷藏設備）或加以乾燥、醃漬，早已與原產地風味早已差了十萬八千里，再者就是因為船運潮濕，食物發霉或長蟲的狀況屢見不鮮（如麵粉），運用這樣食材做出來的料理或點心，已經失去了原本應該呈現的風味與特色。因此，法式甜點上運用當地食材的重要性可見一斑，他既可以原汁原味的呈現當地食材特有的風采，同時——在現代還可以減少不必要的碳足跡。所以，為什麼不用當地盛產的食材呢？臺灣寶島物產豐隆，在水果與農產品的品質上讓人驚艷，產量上也已經足夠本島運用。

近幾年的臺灣崇尚「在地抬頭」與在地創生一詞已不陌生，許多從原產地出發的小農、農產品蔬果，與地方餐廳或店鋪結合出創新的料理，標榜愛護土地，永續發展的訴求，讓所有的原本偏愛使用異國食材的餐廳開始慢慢改採用當地的食材，運用更多臺灣本地料理技法。許多媒體報章也開始探訪這些遠在偏鄉，但是更貼近農產地的餐廳與風味店家。

印象中，在離開了法國甜點學校 ENSP 後，拜訪了一間米其林星等的餐廳（已經忘了幾顆星），它坐落在奧佛涅大區（Auvergne）深山中的小鎮聖伯內．樂華（Saint-bonnet-le-froid），鎮上人口總數不足 2000 人，當地最富盛名的就是一旁森林中的野生「菌菇」，也因此在這間餐廳中享用到了最新鮮最美味的菌菇類料理！還有一次，在法國第二大城里昂的一間「鴨子 Le Canard」餐廳中享用了當地最具家鄉味的料理手法——牛雜包，與道地的肉凍派，也都是源自於這座古老城市的風土食材與料理特色。許許多多的米其林星等餐廳座落在人跡罕至的山區、海岸旁，遠離大城市，正是因為他們最靠近原物料產區，貼近土壤，保留了食材乘載的所有精華。

運用花蓮當地食材一直是我致力耕耘的項目，這幾年透過許多朋友、店家與單位的引薦推廣與合作，我們研發了大量與在地食材結合的甜點，最多的是水果類，如文旦柚、洛神花、桑椹、檸檬與香蕉，其次是蔬菜與花類別像是蕗蕎、柚花、蜜香紅茶與小油菊等，有時候還能跨足到肉類舉凡魚類（鬼頭刀）與豬肉或禽類（鴨肉）。接下來，讓我們看看這個幅員最狹長的花蓮縣載有了哪些特色農產品或獨特食材吧！

附錄 1

花蓮推薦特產

（資料來源：主要參考「幸福洄鄉」的農民曆 P.19）

不限定地區		地方突出特產
花蓮 正品丹蔘	花蓮 木鱉果	卓溪鄉 苦茶油
花蓮 土雞蛋	花蓮 香茅	光復 紅糯米
花蓮 香蘭葉	花蓮 晚香玉筍（夜來香花卉）	瑞穗 金鑽鳳梨
花蓮 芋頭	花蓮 鬼頭刀	瑞穗 在地特產的咖啡豆
花蓮 水木耳（情人的眼淚）	花蓮 飛魚乾	瑞穗 蜜香紅茶
花蓮 蜜筍	花蓮 秋葵	瑞穗 柚花
花蓮 白玉苦瓜	花蓮 桑椹	瑞穗 文旦柚子
花蓮 綠蘆筍	花蓮 剝皮辣椒	鳳林 花生

附錄 2

專業術語 / 原理小筆記

- 焦化奶油 P.101 與 104
- Homogène 一致性 P.101
- 乳化 P.83
- 糊化 P.131
- 老化 P.131
- 蛋黃拌細砂糖，遇高溫液體不會變成蛋花湯的秘密 P.141
- 為什麼要「貼面保存」？ P.143
- 均質機刀片功能 / 使用小訣竅 P.157
- 可可粉鹼化與未鹼化說明 P.169
- 沙布列 Sablage 作法 P.176
- 煮糖漿時的「反砂」現象與解決方案 P.211 ~ 212

SAUCE

絕讚醬料 & 配件製作

牛奶巧克力甘納許

材料	公克
動物性鮮奶油	150
牛奶巧克力	150

作法 METHOD

1. 乾淨厚底鍋加入動物性鮮奶油，中大火煮滾。
   POINT 煮的過程要用耐熱刮刀確實刮過鍋子底部，避免油脂在底部燒焦。
2. 沖入牛奶巧克力靜置 1 ~ 2 分鐘，靜置到液體熱度到達巧克力中心（比較好拌勻）。
3. 以打蛋器（或均質機）拌勻，完成。
   POINT 用均質機均質，材料會結合得更好，可以充分乳化，口感更細膩滑順。

酒釀巧克力甘納許

材料	公克
動物性鮮奶油	130
苦甜巧克力	120
蘭姆酒	30

作法 METHOD

1. 乾淨厚底鍋加入動物性鮮奶油，中大火煮滾。
   POINT 煮的過程要用耐熱刮刀確實刮過鍋子底部，避免油脂在底部燒焦。
2. 沖入苦甜巧克力靜置 1 ~ 2 分鐘，靜置到液體熱度到達巧克力中心（比較好拌勻）。
3. 加入蘭姆酒，以打蛋器（或均質機）拌勻，完成。
   POINT 用均質機均質，材料會結合得更好，可以充分乳化，口感更細膩滑順。

杏仁酥菠蘿

材料	公克
無鹽奶油	100
細砂糖	120
高筋麵粉	100
杏仁粉	50

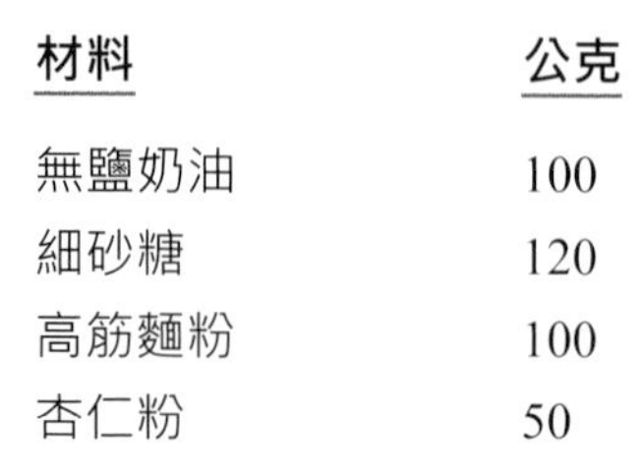

作法 METHOD

1. 無鹽奶油室溫軟化至 16 ~ 20°C。
2. 與剩餘食材用刮刀切拌均勻，備用。

花生酥菠蘿

材料	公克
無鹽奶油	100
二砂糖	100
黑糖	20
高筋麵粉	100
花生粉	50

作法 METHOD

1. 無鹽奶油室溫軟化至 16 ~ 20°C。
2. 與剩餘食材用刮刀切拌均勻，備用。

香草奶酥餡

材料	公克
無鹽奶油	100
純糖粉	60
新鮮香草莢	0.5 條
海鹽	2
蛋黃	25
奶粉	120

作法 METHOD

1. 新鮮香草莢橫向剖開取籽。無鹽奶油室溫軟化至 16 ~ 20°C。
2. 軟化奶油、過篩純糖粉、新鮮香草莢籽、海鹽以打蛋器打發至稍稍變顏色。
3. 加入蛋黃，打蛋器攪拌至乳化均勻。加入過篩奶粉拌至看不見粉粒，完成。

芝麻奶酥餡

材料	公克
無鹽奶油	100
純糖粉	60
海鹽	2
蛋黃	25
奶粉	80
芝麻粉	40

作法 METHOD

1. 無鹽奶油室溫軟化至 16 ~ 20°C。
2. 軟化奶油、過篩純糖粉、海鹽以打蛋器打發至稍稍變顏色。
3. 加入蛋黃，打蛋器攪拌至乳化均勻。加入過篩奶粉、過篩芝麻粉拌至看不見粉粒，完成。

法式鹽味焦糖醬

材料	公克
細砂糖	200
動物性鮮奶油	150
無鹽奶油	120
海鹽	4

作法 METHOD

1 用小火將細砂糖熬煮至金黃色，慢慢加入動物性鮮奶油熬煮。

2 最後添加無鹽奶油以及海鹽熬煮 1 ~ 2 分濃縮即可。

花生奶油醬 —— 榛果奶油醬 —— 焦糖肉桂奶油醬

花生奶油醬

材料	公克
花生醬	100
無鹽奶油	150
二砂糖	20

榛果奶油醬

材料	公克
榛果醬	100
無鹽奶油	150
純糖粉	20

焦糖肉桂奶油醬

材料	公克
法式鹽味焦糖醬	100
無鹽奶油	60
肉桂粉	10

作法 METHOD

1 無鹽奶油室溫軟化至 16 ~ 20°C。

2 全部材料放入攪拌缸，以槳狀攪拌器拌勻完成。

肉桂糖奶油醬

材料	公克
無鹽奶油	220
細砂糖	100
黑糖	100
肉桂粉	20

作法 METHOD

1 無鹽奶油室溫軟化至 16 ~ 20°C。黑糖、肉桂粉混合過篩。

2 全部材料放入攪拌缸，以槳狀攪拌器拌勻完成。

杏仁奶油醬

材料	公克
無鹽奶油	100
細砂糖	100
杏仁粉	100
雞蛋	80
高筋麵粉	20

作法 METHOD

1 無鹽奶油室溫軟化至 16 ~ 20°C。杏仁粉過篩。

2 全部材料放入攪拌缸，以槳狀攪拌器拌勻完成。

芒果百香果奶油醬

材料	公克
芒果泥	250
百香果泥	250
細砂糖	80
海藻糖	40
玉米粉	35
無鹽奶油	35

作法 METHOD

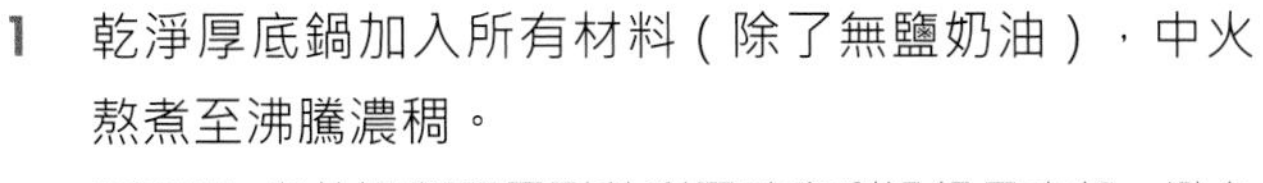

1 乾淨厚底鍋加入所有材料（除了無鹽奶油），中火熬煮至沸騰濃稠。

POINT 煮的過程要用耐熱刮刀確實刮過鍋子底部，避免油脂在底部燒焦。

2 靜置冷卻，冷卻至 50°C 時加入軟化的無鹽奶油，均質至光滑，完成。

3 裝入 4 公分大小的半圓形矽膠膜，冷凍備用。

蜂蜜乳酪醬

材料	公克
奶油乳酪	300
動物性鮮奶油	70
蜂蜜	30

榛果乳酪醬

材料	公克
奶油乳酪	200
榛果醬	100
煉乳	30

作法 METHOD

1 奶油乳酪室溫軟化至 16 ~ 20°C。

2 全部材料放入攪拌缸，以槳狀攪拌器拌勻完成。

油封香蒜醬

材料	公克
油封蒜頭	100
帕瑪森起司粉	30
無鹽奶油	200
義大利綜合香料	3
海鹽	3

作法 METHOD

1 **油封蒜頭**：有深度的容器放入剝皮蒜頭，倒入適量橄欖油（油量剛好將蒜頭淹過即可），用上下火 180°C 烤熟軟化，約 25 ~ 30 分鐘。

2 **拌勻**：無鹽奶油室溫軟化至 16 ~ 20°C。鋼盆加入所有材料，拌勻完成。

維也納糖漿

材料	公克
細砂糖	500
水	450
新鮮香草莢	1 條
透明蘭姆酒	50

作法 METHOD

1 細砂糖、水、新鮮香草莢煮滾，靜置冷卻。

POINT 可以拿去籽後的新鮮香草莢條二次使用。也可以拿完整一條，取香草籽一起煮。

2 加入透明蘭姆酒拌勻，浸泡使用。

金桔檸檬糖霜

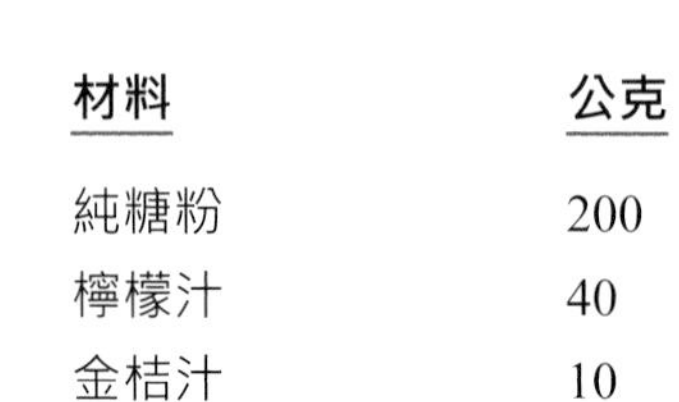

材料	公克
純糖粉	200
檸檬汁	40
金桔汁	10

作法 METHOD

1 所有材料拌勻即可使用。

POINT 糖霜拌勻完要立刻用，放一陣子糖霜就會凝固。

馬卡龍麵糊

材料	公克
杏仁粉	100
純糖粉	100
蛋白	90

作法 METHOD

1 杏仁粉、純糖粉一同過篩。

2 全部材料放入攪拌缸，以球狀攪拌器低速打至看不見粉類完成。

POINT 攪拌缸務必非常乾淨，不可以有油脂、水分。

蛋白糖

材料	公克
蛋白	100
細砂糖	100
純糖粉	100

作法 METHOD

1 純糖粉預先過篩。

2 蛋白放入攪拌缸，先低速打至出現粗泡泡，轉中速攪拌至濕性發泡。

3 分 2 ~ 3 次加入細砂糖，打至乾性發泡。

4 分 2 ~ 3 次加入純糖粉，打發至光亮。

5 裝入擠花袋中，剪一刀。在墊上透氣矽膠烘焙墊的烤盤上，間距相等擠高度約 1.5 公分的水滴造型麵糊。

6 送入預熱好的烤箱，用上下火 80°C 低溫烘烤 3 ~ 4 小時。

Baking 19

Frontière Française

法式甜點店的秘密法則

國家圖書館出版品預行編目 (CIP) 資料
法式甜點店的秘密法則 / 呂昇達，賴慶陽著 . -- 一版 . -- 新北市：優品文化事業有限公司，2023.02
240 面；19x26 公分 . -- (Baking；19)
ISBN 978-986-5481-41-4(平裝)

1.CST: 點心食譜

427.16　　112000745

作　　者　呂昇達、賴慶陽
總 編 輯　薛永年
美術總監　馬慧琪
文字編輯　蔡欣容
攝　　影　蕭德洪
拍攝助理　蔡元容、李金姿、方郁瀅、黃靖雯、林勁嘉
出 版 者　優品文化事業有限公司
電話：(02)8521-2523
傳真：(02)8521-6206
Email：8521service@gmail.com
（如有任何疑問請聯絡此信箱洽詢）
網站：www.8521book.com.tw
印　　刷　鴻嘉彩藝印刷股份有限公司
業務副總　林啟瑞 0988-558-575
總 經 銷　大和書報圖書股份有限公司
新北市新莊區五工五路 2 號
電話：(02)8990-2588
傳真：(02)2299-7900
網路書店　www.books.com.tw 博客來網路書店
版　　次　2023 年 2 月 一版一刷
2023 年 7 月 一版二刷
定　　價　630 元

上優好書網　LINE 官方帳號　Facebook 粉絲專頁　YouTube 頻道

（黏貼處）

Frontière Française
法式甜點店的秘密法則

讀者回函

♥ 為了以更好的面貌再次與您相遇，期盼您說出真實的想法，給我們寶貴意見 ♥

姓名：	性別：□男　□女	年齡：　　　歲
聯絡電話：（日）　　　　　　　　　　（夜）		
Email：		
通訊地址：□□□-□□		
學歷：□國中以下　□高中　□專科　□大學　□研究所　□研究所以上		
職稱：□學生　□家庭主婦　□職員　□中高階主管　□經營者　□其他：		

● 購買本書的原因是？

□興趣使然　□工作需求　□排版設計很棒　□主題吸引　□喜歡作者　□喜歡出版社

□活動折扣　□親友推薦　□送禮　□其他：＿＿＿＿＿＿＿＿

● 就食譜叢書來說，您喜歡什麼樣的主題呢？

□中餐烹調　□西餐烹調　□日韓料理　□異國料理　□中式點心　□西式點心　□麵包

□健康飲食　□甜點裝飾技巧　□冰品　□咖啡　□茶　□創業資訊　□其他：＿＿＿＿

● 就食譜叢書來說，您比較在意什麼？

□健康趨勢　□好不好吃　□作法簡單　□取材方便　□原理解析　□其他：＿＿＿＿

● 會吸引你購買食譜書的原因有？

□作者　□出版社　□實用性高　□口碑推薦　□排版設計精美　□其他：＿＿＿＿

● 跟我們說說話吧～想說什麼都可以哦！

寄件人 地址：

姓名：

廣　告　回　信
免　貼　郵　票
三重郵局登記證
三重廣字第0751號

平信

24253 新北市新莊區化成路 293 巷 32 號

上優文化事業有限公司　收
(優品)

Frontière Française

法式甜點店的秘密法則

（請沿此虛線對折寄回）